El Corazón del CHAMÁN

HISTORIAS Y PRÁCTICAS DEL GUERRERO LUMINOSO

Título original: Heart of the Shaman
Traducido del inglés por Antonio Gómez Molero
Diseño de portada: Editorial Sirio, S.A.
Maquetación de interior: Toñi F. castellón

www.editorialsirio.com
sirio@editorialsirio.com

I.S.B.N.: 978-84-18000-07-2
Depósito Legal: MA-1676-2019

Impreso en Imagraf Impresores, S. A.
c/ Nabucco, 14 D - Pol. Alameda
29006 - Málaga

Impreso en España

Puedes seguirnos en Facebook, Twitter, YouTube e Instagram.

Alberto
VILLOLDO

autor de
Las cuatro revelaciones

El Corazón del CHAMÁN

HISTORIAS Y PRÁCTICAS DEL GUERRERO LUMINOSO

ÍNDICE

A la Loba, diosa guerrera y
guardiana de los sueños

Al contemplar una estrella en el cielo veo las hogueras de civilizaciones ancestrales, hombres y mujeres valientes que viajan hacia el infinito. En la belleza soñamos nuevos mundos y los hacemos realidad.

ALBERTO VILLOLDO

INTRODUCCIÓN

Los chamanes de los Andes conocen un sueño sagrado y se entregan a él, un sueño que guía a los planetas por los cielos y a nuestro destino humano aquí en la Tierra. El sueño sagrado es un mapa del futuro, pero no tiene rutas que puedas seguir ni más caminos que los que tú abras. Es efímero, cambia a cada instante y te sorprende en todo momento, como si estuvieras soñando.

A quienes sirven y protegen a este sueño sagrado se los llama *guerreros luminosos*. No tienen enemigos en este mundo ni en el otro. Poseen recursos ilimitados.

El sueño sagrado revela el orden implicado* del universo. Este orden se ve claramente en las estaciones,

* N. del T.: En su libro *La totalidad y el orden implicado* el físico David Bohm, antiguo discípulo de Einstein, explica que tras la apariencia separada de las cosas existe una realidad profunda donde todo está conectado y cualquier elemento del universo contiene la totalidad de este.

en cómo las abejas polinizan las flores, y en cómo todos los seres vivientes están conectados y relacionados entre sí. Con esta sabiduría, los antiguos chamanes de Perú cultivaron y cruzaron el maíz para producir más de cuatrocientas variedades de este cultivo; observaron el cielo nocturno y predijeron eclipses con décadas de antelación. Su vida se llenó naturalmente de sentido y razón de ser porque comprendían que formaban parte de un plan mucho mayor que ellos.

Cuando somos conscientes del sueño sagrado, entendemos que el universo no está hecho de rocas muertas que surcan el espacio, de energía sin vida o de la materia oscura de la ciencia. Por el contrario, comprendemos que el cosmos late y es consciente, que anhela crear belleza, dar a luz a planetas azules y verdes, galaxias en espiral y más de veinte mil especies de mariposas en la Tierra.

Cada uno de nosotros recibe un fragmento del sueño sagrado para guardarlo y expresarlo a su manera. Cuando olvidamos que somos portadores de una parte esencial y fundamental del sueño sagrado, comenzamos a vivir en la confusión, nuestros sueños se vuelven pesadillas y nuestras vidas se sumen en el caos.

Mucha gente ha sustituido el sueño sagrado por un sueño de fama, fortuna y poder y por conseguir muchos *me gusta* en Facebook. Mientras tanto nos enfrentamos a crisis globales (desde el cambio climático hasta la extinción de especies, pasando por guerras, hambrunas y enfermedades) que nos invitan a soñar un sueño nuevo para la humanidad y para el mundo.

El sueño sagrado nos llama. Este libro te enseñará a salir del letargo en el que vives y despertar en un sueño con los ojos abiertos para que puedas aprovechar todas las posibilidades del futuro.

Descubres tu sueño sagrado transformando tres sueños comunes de cuya realidad muchos estamos convencidos y de los que no sabemos cómo despertar. Son el sueño de la seguridad, el sueño de la permanencia y el sueño del amor que es incondicional. Cuando transformas estos sueños (cuando aceptas que la vida está continuamente cambiando, que tu mortalidad es un hecho y que nadie puede liberarte de una vida de miedo e inseguridad excepto tú), el caos de tu existencia se convierte en orden, y la belleza prevalece.

Cuando encuentras tu sueño sagrado, el poder creativo del universo, que los chamanes llaman la Luz Primordial, queda a tu alcance para crear belleza en el mundo y para sanarte a ti mismo y a los demás. Te conviertes en un guerrero luminoso. Vives sin miedo, conoces la respuesta a la pregunta «¿quién soy?» y los caminos que van más allá de la muerte y conducen al infinito.

Eres un guerrero luminoso, como los chamanes de los Andes, los *laika*. Te atreves a decir la verdad que nadie quiere escuchar, sostienes valores universales que respetan la totalidad de la vida y a diario realizas actos de valor.

Eso es lo que harás en este libro. Las prácticas de las páginas que vienen a continuación te ayudarán a forjarte un sueño sagrado. Te ayudarán a labrarte un porvenir valiente guiado por tu visión del futuro.

Estas prácticas del guerrero luminoso son fundamentales en una época en la que el sueño se produce solo cuando dormimos, en la que la cobardía es honorable, especular nos parece razonable y la espiritualidad carece de carácter.

Te ayudarán a brindar luz y paz a tu mundo y a descubrir tu papel en el sueño más sagrado de la humanidad.

ALBERTO VILLOLDO

CAPÍTULO 1

OTRA CLASE DE SUEÑO

Hay tres clases de sueños que se producen estando despiertos: la pesadilla, la fantasía y el sueño sagrado. De estos solo el sueño sagrado puede ayudarte a cumplir tu misión aquí en la Tierra. Para vivir en un sueño sagrado hace falta entender que las fantasías pueden parecernos placenteras pero se transforman en pesadillas cuando cambian las circunstancias de la vida. En cuanto a las pesadillas que todos queremos evitar, comienzan siempre como fantasías, pero alcanzan su fecha de caducidad y se echan a perder, como un queso que llevara demasiado tiempo en el frigorífico.

La fantasía que se convierte en pesadilla puede ser esa relación o ese trabajo que resultaban tan atractivos pero que se han convertido en un callejón oscuro sin salida y que no podemos cambiar. Un amigo me dijo: «Mi trabajo es como una pesadilla. Me gustaría despertar y salir de él, pero lo necesito». La pesadilla no te ofrece mucha esperanza de que las cosas cambien. Cuando te atrapa, llegas a creer que tus problemas de salud son solo parte del envejecimiento y que es mejor que te acostumbres a ellos, o que el aburrimiento y la frustración de tu trabajo o tu matrimonio son el precio que has de pagar por la seguridad que te ofrecen. O podrías creer que no hay nada que puedas hacer para cambiar el clima político que crea tanta tensión ni la violencia que está asolando el mundo. La pesadilla te mantiene paralizado. Cuando tienes un amigo deprimido, puedes estar prácticamente seguro de que se encuentra atrapado dentro de una pesadilla de la que no sabe cómo despertar, y de que la está confundiendo con la realidad.

Si estamos atrapados en una relación tóxica, empezamos a fantasear sobre cómo sería todo si las cosas fueran diferentes, y comenzamos a usar nuestros poderes de concentración para crear una nueva realidad. Imaginamos que aparece en nuestras vidas alguien lleno de vitalidad y optimismo, que tenemos otra oportunidad para vivir la vida que nos hemos perdido. Y llega un día en el que salimos huyendo con un nuevo amor, para terminar descubriendo que esta nueva fantasía también tiene fecha de caducidad.

Las fantasías te hacen seguir buscando algo fuera de ti para sentirte completo.

La próxima fantasía puede disfrazarse de esperanzas y aspiraciones, de objetivos para poner en orden tu vida. Escribir tu lista de logros, hacer planes para mejorar tu relación o idear estrategias para crear las circunstancias que te dices a ti mismo que te beneficiarán y mejorarán tu vida..., todo esto parece prometedor, pero puede convertirse en una pesadilla. Cuando cambies de trabajo o de pareja, cuando compres la casa o el coche de tus sueños, quizá descubras que sigues sin estar contento ni satisfecho. Te haces una idea. Todas esas listas y ese esfuerzo pueden llevarte directamente de vuelta a la infelicidad.

La fantasía hace que, aunque tengas una nueva pareja, sigas mirando por el rabillo del ojo para buscar tu verdadera media naranja. Hace que estés siempre buscando un nuevo gurú, una nueva dieta, un nuevo régimen de salud, y preguntándote si no habrá algo que te estés perdiendo ahí fuera en el mundo.

He vivido esta fantasía convertida en pesadilla. A los treinta y tantos años conocí a alguien y creí que nos habíamos enamorado. Creíamos que el amor nos brindaría la felicidad y solucionaría todos nuestros problemas. Yo pensaba: «Cuando encuentre a mi media naranja, seré feliz». Y estaba convencido de que aquella mujer era la que llevaba la vida entera esperando. De repente, un día me desperté y me pregunté: «¿Quién es esta mujer que está en mi cama? Desde luego, no es la misma con la que me casé, ¿verdad?». La fantasía se había convertido en una de mis peores pesadillas. Afortunadamente, no había hijos por medio. Nos separamos con amargura, responsabilizándonos el uno al otro del fracaso del matrimonio. Quizá tú hayas vivido tu propia versión de esta pesadilla.

La fantasía puede parecer inofensiva o incluso bastante agradable, pero casi siempre conduce al desastre. Y aunque en ocasiones no se vuelve pesadilla, puede proporcionarnos comodidad, pero no nos hace crecer, y pronto nuestra vida se estanca y deja de tener sentido. A veces las fantasías nos engañan, imitando los sueños valientes más gratificantes al tiempo que nos impide llevarlos a cabo. Pensamos que estamos viviendo una vida con sentido y luego un día comprendemos que no es así en absoluto.

¿Cómo te das cuenta de que estás viviendo bajo el hechizo de una fantasía?

Las fantasías siempre conllevan una especie de contrato o acuerdo que estableces con la vida y que viene a decir: «Cuando ...., conseguiré esto o lo otro».

«*Cuando* tenga dinero... dejaré de experimentar ansiedad». «*Cuando* sea feliz... me sentiré agradecido». «*Cuando* haya un nuevo liderazgo... podremos hablar con sinceridad». O quizá: «*Cuando* encuentre a mi amor verdadero, mi auténtica vocación en la vida, o la casa o el trabajo perfectos... lo conseguiré».

Hace unos pocos años recibí un diagnóstico médico desolador. Había contraído una docena de infecciones de parásitos en mis viajes por el Amazonas. Hasta entonces estaba convencido de que los demás envejecían o enfermaban pero, con toda seguridad, a mí eso nunca me sucedería. Pero en ese momento estaba enfermo y corriendo el riesgo de morir, y me sentía como un viejo. En mis oraciones le decía a Dios: «*Cuando* me ponga bien, dedicaré mi vida a servir y a ayudar a los demás».

Pero a Dios no le gustan esos tratos. Empecé a despertar de la fantasía cuando le di la vuelta al acuerdo.

Descubrí que:

- «Cuando estoy agradecido, me siento feliz».
- «Cuando dedico mi vida a servir, me pongo bien»
- «Cuando hablo con sinceridad, me convierto en un verdadero líder».

Para poder recuperar la salud, tuve que dedicar mi vida a una misión que era más grande que yo. Para descubrir mi sueño sagrado que me permitiría experimentar una nueva sensación de propósito y sentido, tuve que transformar la pesadilla de la enfermedad, aunque no tenía garantías de sobrevivir a ella ni de cuánto iba a vivir.

Un sueño sagrado te lanza a un destino que va más allá de no morir o de ser razonablemente feliz mientras te esfuerzas por evitar el malestar. Te anima a explorar los misterios de la vida y de la muerte, a vislumbrar la realidad que hay tras la muerte y a descubrir por ti mismo la verdad eterna. Te exige actuar con valentía y audacia y nadar a contracorriente de lo consensuado –aquello en lo que todos están de acuerdo y nadie se cuestiona–, que no es más que un cuento que nos mantiene atrapados en fantasías que se vuelven pesadillas.

¿Cómo sabes que has encontrado un sueño sagrado?

Porque es muy superior a ti, y parece imposible llevar a cabo todo lo que esperas conseguir. Un sueño sagrado te empuja a emprender una misión, como sucedió con Martin Luther King y Mahatma Gandhi. Puede que digas: «Pero yo no soy Gandhi». Es verdad, no tienes por qué fijarte la meta de liberar a mil millones de personas. A pesar de ello, ¿y si tu destino es hacer algo mucho más grande de lo que has imaginado hasta ahora?

Cuando estás enfermo, triste o deprimido, te cuesta pensar en encontrar un sueño sagrado. En ese momento tus sueños son insignificantes. Volver a donde estabas parece «lo bastante bueno». Recuerdo cuando me hallaba en mi crisis curativa y no podía dar más de cincuenta pasos sin agotarme. Por aquel entonces mi sueño era ser capaz de dar una vuelta alrededor de la manzana sin sentirme exhausto. Sin embargo, fui llamado para un sueño mayor, servir a los demás de cualquier manera en que pudiera por insignificante que fuera. ¿Cómo iba a hacerlo cuando apenas podía levantarme de la cama y los médicos me habían dicho que no volvería nunca más a hacer senderismo por mis amadas montañas? Descubrí que cuando tienes un sueño sagrado, el universo empieza a conspirar diligentemente a tu favor para hacer posible lo imposible. Pronto fui capaz de caminar alrededor de la manzana, y hoy en día viajo por el mundo llevando un poco más de belleza a todo el que me encuentro, practicando la entrega de la belleza, sobre la que hablaremos más adelante en este libro.

Hace falta valor para descubrir el sueño sagrado. No puedes seguir siendo un espectador pasivo (y ansioso) que observa cómo otros tienen una vida significativa. El sueño sagrado no va a llamar a tu puerta: es necesario que dejes atrás lo conocido y te embarques en una aventura. Te exige que no pongas en peligro tu integridad, que no te dejes seducir por el «camino fácil», que te enfrentes a la mentira de que tu fantasía es aceptable y seguirá manteniéndote cómodo.

Por eso se llama la senda del guerrero luminoso.

DESPERTAR DE LA FANTASÍA

El siguiente ejercicio te ayudará a salir de la ecuación «Cuando ...., conseguiré ....» y dejar de pelear con una fantasía que lentamente se está convirtiendo en pesadilla. Esto se hace dándole la vuelta al contrato que firmaste contigo mismo que estipula cuándo serás feliz o estarás sano o en paz. Lo que deseas no debe estar sujeto a ninguna condición.

Rellena los espacios en blanco para que puedas descubrir tres acuerdos centrales que has adoptado contigo mismo y que necesitas romper hoy.

Cuando ...., conseguiré ....
Cuando ...., conseguiré ....
Cuando ...., conseguiré ....

Si este fuera un libro para ayudarte a sentirte mejor contigo mismo, terminaríamos aquí. Tendrías una fórmula sencilla para ser feliz. Pero este libro no trata únicamente de fantasías y de despertar de las pesadillas que estás viviendo. Trata del descubrimiento de tu sueño sagrado.

Vuelve a mirar los acuerdos que adoptaste. ¿Eras consciente de ellos?

Ahora, tacha el principio de cada frase y deja lo que has escrito a continuación de «conseguiré»:

Conseguiré ....
Conseguiré ....
Conseguiré ....

Ahora tienes nuevos objetivos, objetivos que puedes alcanzar en este momento. Descubrí que mis objetivos eran:

- Estar agradecido.

- Dedicar mi vida a servir.
- Hablar con sinceridad.

A diferencia de otros objetivos, estos no requieren que planees cómo los llevarás a cabo. Tan solo te comprometes con ellos y aprovechas todas las oportunidades para hacerlos realidad ahora mismo. Practicas la gratitud. Dedicas tu vida a servir. Hablas con sinceridad, y así sucesivamente. Ahora tus excusas para posponer la vida que deseas vivir deben quedar atrás.

No te saltes este primer ejercicio; te libera para reconocer y transformar las tres pesadillas que te ayudarán a descubrir tu sueño sagrado.

ACABAR CON LAS PESADILLAS QUE COMPARTIMOS

- El sueño de la seguridad se convirtió en la pesadilla de la inseguridad: ¿cómo te mantienes a salvo en un mundo peligroso?
- El sueño de la permanencia se convirtió en la pesadilla de la muerte: ¿por qué todo, incluida tu vida, tiene que terminar?
- El sueño del amor que es incondicional se convirtió en la pesadilla del amor condicionado: ¿cómo encontrarás al ser que amas y quién te amará como eres?

Las tres pesadillas que acabo de describir no son solo personales sino que constituyen el núcleo de nuestra sociedad moderna. La seguridad, la salud y el amor son cosas que todos queremos pero de las que aparentemente nunca tenemos bastante. Terminamos sintiéndonos asustados e inseguros, tratando en vano de garantizar nuestra seguridad en un mundo que escapa a nuestro control. Tememos la muerte y las señales de que estamos decayendo y deslizándonos hacia la meta final y deseamos desesperadamente poder ignorar esas señales de envejecimiento y deterioro. Tememos que los demás nos rechacen y nos preocupa acabar nuestros días solos y sin amor. Intentamos igualar las apuestas que hacemos en nuestras relaciones, para sentir que estamos recibiendo tanto como damos, y terminamos arruinándolas. Estas son las pesadillas en las que caemos a pesar de nuestros esfuerzos por evitar el dolor y por ser felices.

Cuando empezamos a explorar cada una de estas pesadillas, nos lanzamos a un viaje de descubrimiento que puede llevarnos al sueño sagrado, que es lo que todos buscamos. Como Parsifal en la época del rey Arturo, podemos descubrir nuestro Santo Grial (nuestro sueño sagrado) pero debemos ser valientes y seguir el camino sin señalizar que conduce al castillo, no la senda que otros dejaron atrás después de su búsqueda infructuosa.

Si eres fiel a la misión, se te revelará tu sueño sagrado. Te convertirás en un guerrero luminoso. Descubrirás que sea cual sea el desafío, dispones de recursos espirituales, lo que te permitirá encontrar tu valor y dar un paso adelante hacia tu destino, aliado con el espíritu en la tarea de soñar un nuevo mundo y hacerlo realidad.

El sueño sagrado que te será revelado está hecho de luz. Es la luz más pura, carente de cualquier forma, y al mismo tiempo el origen de todas las formas que vemos a nuestro alrededor. En el sueño sagrado, la verdadera naturaleza del agua es la luz, y también lo es la naturaleza de la tierra, el fuego y el viento. A medida que exploras el sueño sagrado, te das cuenta de que incluso los planetas, el sol, los árboles y las ballenas están hechos de luz condensada en materia. La luz es la «materia» primordial del universo, que los sabios pueden moldear dándole forma cuando «sueñan el mundo y lo hacen realidad», igual que el alfarero amasa la arcilla y la trabaja para crear una vasija.

A la luz del sueño sagrado se la conoce como la Luz Primordial, y los sabios de los Andes la llaman *Ti*.

Sé que suena complicado, de manera que repasemos los pasos.

Nuestras fantasías pueden convertirse en pesadillas. Incluso la mejor de ellas llega un momento en que se vuelve amarga. El primer ejercicio para transformar la pesadilla es romper el contrato «Cuando ...., conseguiré ....» que hemos firmado con nosotros mismos.

Te invito a realizar ahora mismo el ejercicio «Cuando ...., conseguiré ....». Empieza a despertar de tus fantasías declarando «lo haré». Luego sigue leyendo.

Liberarte del viejo contrato te hace emprender una aventura para encontrar tu sueño sagrado y descubrir el poder del *Ti*.

Bien, dirás, parece una propuesta estupenda. Descubro mi sueño sagrado y obtengo las llaves del poder ilimitado de la creación. Me convierto en un guerrero luminoso, sin enemigos. Suena bastante bien...

Y luego te das cuenta de que esto viene con un mandato de crear belleza, curar el sufrimiento, soñar mundos y hacerlos realidad... comenzando por el tuyo.

EL PODER DEL *TI*

Cuando era estudiante de Antropología, aprendí que los incas creían que eran los hijos del sol. Más tarde descubrí que esto no era exacto: los académicos, con toda su buena intención, habían cometido un error. *Ti* es 'Luz', y el dios del Sol de los incas se llamaba In-ti. El nombre significa 'el sol al mediodía', cuando la luz brilla con más fuerza, no la luz joven de la mañana ni la tenue luz del atardecer. El Sol es la fuente de la luz, pero no es *la luz*. Una linterna no es un rayo de luz. Recuerdo que hasta hace poco no sabíamos que el Sol es una bola de plasma ardiente que puede contener 1.333.000 Tierras en su interior. A muchos nativos, les parece un agujero en el cielo a través del cual la luz se derrama e ilumina nuestro mundo. Los incas creían que eran hijos del *Ti*.

El *Ti* es diferente del sol, al igual que una llama es diferente del tronco a pesar de salir de la madera ardiendo. Encontramos el nombre *Ti* asociado a lugares antiguos como el Titicaca, el mar en la cima del mundo; Paititi, la ciudad dorada perdida de los incas, y Tiaguanaco, la civilización andina más antigua.

Según la tradición, el poder del *Ti* puede crear belleza, curar a los enfermos o construir galaxias. Esta es la fuente del poder de los chamanes. Pero también puede destruir si no se utiliza correctamente.

Se dice que el sueño sagrado fue creado con la luz del *Ti*, y que para recordarlo solo tienes que mirar el sol al amanecer, una estrella brillante por la noche o una hoguera. Es un plano del destino del cosmos y de cada ser viviente dentro de él. Un modelo de las ciudades invisibles de luz, y de la paz y la belleza a lo largo y ancho de todo el cosmos. Pero esto no está escrito en piedra; no está garantizado. Hace falta que cada uno de nosotros se encargue de su parte del sueño del futuro posible y se esfuerce por crearlo.

Cuando Pachakuti, el noveno gobernante del Imperio inca, era joven, subió a las montañas en busca de una visión. De camino hacia la ciudad de Cusco,* se

* El nombre de esta ciudad incaica fue Cuzco durante cerca de cuatrocientos años. Actualmente ambas formas son consideradas correctas, sin embargo –no sin controversia por parte de algunos

detuvo ante un famoso pozo mágico conocido como Susurpuqio. Al asomarse a él para llenar el balde con agua y saciar su sed, lo deslumbró una luz cegadora y una voz le reveló su destino. Extendería el territorio inca creando el mayor reino de las Américas jamás conocido. Sería llamado el Imperio del Sol y marcaría el inicio de un milenio de paz en los Andes. Pero se enfrentaría a grandes desafíos. A su regreso a Cusco descubrió que los antiguos enemigos de los incas, los chanka, estaban a punto de invadir la ciudad, y su padre y todas las personas físicamente capacitadas habían huido.

Pachakuti comprendió su destino. Pero no tenía idea de cómo cumplirlo. En la ciudad solo quedaban ancianos y algunos niños sin hogar. Formó con ellos un destartalado ejército y al día siguiente, antes del amanecer, atacó a los desprevenidos chanka, que acampaban en la ciudadela de Sacsayhuamán, por encima de Cusco. La leyenda dice que por arte de magia las piedras cobraron vida y se lanzaron a los invasores, que fueron expulsados lejos de allí hasta sus tierras al otro lado del río Apurimac. No se perdió ni una sola vida.

Pachakuti se convertiría en el modelo del guerrero luminoso, que tiene acceso a los recursos espirituales

lingüistas e historiadores– en Perú se ha adoptado recientemente el convenio de usar únicamente Cusco, para respetar las raíces quechuas de la palabra (*Qosqo*: 'centro del universo'). En este caso, mantenemos la opción elegida por el autor, totalmente coherente con el contexto de la obra.

que vienen en su ayuda cuando está cumpliendo el destino escrito en su sueño sagrado.

La Luz Primordial nos revela nuestro sueño sagrado y nuestro destino como hizo con Pachakuti. Y al igual que Pachakuti, debemos enfrentarnos a retos aparentemente insuperables. Y luego se nos pide que confiemos en que el *Ti* nos ofrecerá la ayuda extraordinaria que necesitamos.

Los chamanes saben que todo lo que vive está hecho de luz intensamente condensada en materia. Cuanto más comparten la luz con los demás, más se liberan de las pesadillas que azotan a quienes están atrapados en un sueño limitado de enriquecimiento o comodidad personales.

Los primeros pueblos tendían a adorar al *Ti* por su infinita generosidad. Pero los incas comprendieron que no se puede adorar la Luz Primordial como un Dios, porque eso significaría negar su propia naturaleza de luz hecha carne. Cuando comprendes tu naturaleza, brillas con tu propia luz, como el sol. Y como el sol, que es lo único que no proyecta una sombra, ya no proyectas hacia los demás tus lados oscuros y las partes no cicatrizadas de tu psique.

En mi propio camino de curación, comprendí que, como todos, estoy hecho de Luz Primordial. Cada célula de mi cuerpo se regocija en ello. Y cuando lo olvido por un momento, me empequeñezco. Empiezo a preguntarme quién soy, qué estoy haciendo en esta situación y a dónde voy con mi vida. Veo a mi alrededor batallas que creo que tengo que librar. Cuando esto ocurre, intento estar tranquilo y encontrar la luz en mi interior, y recordar que mi naturaleza es idéntica a la Luz Primordial. *Yo soy la luz.*

La Luz Primordial contiene recursos ilimitados de los que ahora puedes disponer y que te permiten crear belleza de cualquier manera que elijas. Algunos lo hacen sanando a los enfermos, otros enseñando, otros reconfortando a los moribundos o a los que sufren. Hay quienes lo hacen creando hermosas ideas, soñando con ciudades en las nubes como Machu Picchu y aprendiendo el movimiento de las estrellas.

LAS ENSEÑANZAS RELIGIOSAS FRENTE A LA SABIDURÍA ESPIRITUAL

El chamanismo es una tradición espiritual que existía antes de la religión, y su sabiduría es muy antigua. Algunos eruditos consideran las religiones de hoy como una codificación de las enseñanzas de los antiguos chamanes. Todas las tradiciones espirituales, entre ellas el chamanismo, se basan en la experiencia vivida, no en los textos sagrados ni en las experiencias de otros. La religión, por otro lado, se funda en la fe y en la creencia, no en la experiencia. Aun así, la sabiduría del Buda y las enseñanzas del Cristo han sobrevivido a los siglos porque hay una gran verdad en ellas. Las lecciones del Buda sobre la compasión, el alivio del sufrimiento y la práctica de la meditación siguen siendo tan valiosas hoy como cuando fueron enseñadas por primera vez hace dos mil cuatrocientos años. Las enseñanzas del Cristo de amar a tu prójimo como a ti mismo y la práctica de la oración son tan importantes hoy como lo eran hace dos mil años cuando Jesús predicaba junto al mar de Galilea.

Estas dos grandes religiones han florecido durante miles de años porque ofrecen una manera de transformar los tres sueños convertidos en pesadillas que nos mantienen en el sufrimiento. El cristianismo proporcionó una solución clara y reconfortante a las pesadillas de la inseguridad y de la muerte. En el libro de los Salmos, o cánticos a Dios, se dice que estamos protegidos por Dios, «porque aunque camine por el valle de la sombra de la muerte, no temo al mal...». Al recibir una educación cristiana, aprendí por sus enseñanzas que podía ganar la vida eterna a través de mis acciones y la gracia de Dios. La Iglesia explicaba que el amor verdadero era el de Cristo, cuyo amor era totalmente desinteresado y un modelo que debían seguir todos los seres humanos.

El cristianismo, al igual que muchas de las religiones del mundo, se basa en la existencia de un Dios misericordioso y compasivo. Sin embargo, a lo largo de los siglos esta religión pasó de alentar a sus seguidores a experimentar el Cristo como camino de liberación (convirtiéndonos en el Cristo o alcanzando la consciencia crística) a la creencia en Cristo como camino. La Iglesia primitiva se fundó sobre la *experiencia*. La Iglesia moderna se basa en la *creencia*.

El budismo no defiende la existencia de un Dios o unos dioses. Se dice que, en sus meditaciones, el Buda conoció a innumerables seres divinos, pero no a un único Creador. De acuerdo con las enseñanzas del budismo, has vivido muchas vidas antes de esta y continuarás renaciendo como ser humano. En cuanto a la verdadera seguridad, viene cuando descubres la respuesta a «¿quién soy yo?» por ti mismo. Y en lo que respecta al amor, al Buda se le atribuye la frase «irradia amor ilimitado hacia el mundo entero...». La práctica de la meditación se basa en tu *experiencia*, y el budismo desdeña cualquier tipo de *creencia* estándar en la reencarnación, alentándote a explorar la posibilidad a través de tu propia práctica meditativa. De esta manera, el budismo también ofrece una solución a las pesadillas de la inseguridad y de la muerte.

Durante la adolescencia me rebelé contra el dogma cristiano. Pensaba que en lugar de ayudarme a despertar me adormecía en un letargo todavía más profundo. Me cansé de pedirle a Dios que me mantuviera a salvo de los matones de la escuela, usando esa fórmula especial que conocen todos los niños católicos de hacer la señal de la cruz tres veces sobre el pecho. Me cansé de rezarle a mis ángeles pidiéndoles que a la mañana siguiente me despertara vivo, repitiendo la oración «y si muero antes de despertar, le rezo a Dios para que se lleve mi alma». Y anhelaba profundamente el amor de Dios o el amor de otro, de cualquiera en realidad, que pudiera verme y quererme tal y como era.

Recientemente un grupo de misioneros bien intencionados llamó a nuestra puerta para preguntarme si creía en Jesús. «Por supuesto que creo en Jesús», les contesté.

Luego me preguntaron si creía que Jesús era el hijo de Dios. «Por supuesto», les dije. A continuación les expliqué que tuve una educación católica y que hacía poco había ido a comulgar con mi madre, había tomado la oblea convertida en el cuerpo de Cristo durante la Eucaristía, y había sentido que todo mi cuerpo se convertía en Cristo y me inundaba una profunda sensación de paz.

Creo que mi testimonio les desconcertó y enseguida se marcharon.

Durante mi juventud, tras desencantarme del cristianismo, estudié budismo. Descubrí que parecía haberse encaminado por la ruta del intelecto, ya que en muchas bibliotecas había un gran número de textos para argumentar algo evidente acerca de la experiencia de la meditación. Tras años de ver la meditación como una práctica incómoda y enloquecedora, aprendí a disfrutarla. Pero aun así seguía buscando algo sagrado. Buscaba un tesoro que no podía explicar.

Comencé a estudiar el chamanismo como antropólogo, y también a lidiar con las preguntas básicas sobre el amor, la seguridad y la supervivencia después de la muerte. Los chamanes no practican la oración como la conocemos. No meditan. En lugar de eso, van en busca de la visión y practican el peregrinaje. Se adentran en la naturaleza y ayunan, bebiendo solo agua. Tras unos días sin comer, una vez que han quemado todo el azúcar de su organismo, caen en ese estado entre el sueño y la vigilia en que la realidad deja de ser objetiva y se convierte en fluida. En este reino, el tiempo parece detenerse, deformarse y doblarse sobre sí mismo, tal como lo hace cuando estamos soñando. En un momento podrías estar al pie de una montaña y luego mágicamente en una playa, con la arena caliente bajo tus pies. Una persona normal podría experimentar esto como una leve alucinación inducida por el hambre. Pero los chamanes conservan su conciencia y su concentración en estos estados, y así pueden reunirse con maestros desprovistos de forma física que les ofrecen su sabiduría. Estos seres están hechos de luz, ya que su naturaleza es idéntica a la de la Luz Primordial, y ofrecen su generosidad ilimitada a cualquiera que busque ayuda. La imagen más cercana que tenemos de estos seres es la de los ángeles que vemos en la Biblia: sobrenaturales, translúcidos y celestiales.

En mis búsquedas de la visión en el Amazonas, aprendí a entrar en estos estados de ensueño y dentro de ellos me sentía más despierto y vivo que en mi vida normal. Reconocí cómo en el pasado había buscado parejas sentimentales que me hicieran sentir seguro y no me desafiaran. Comprendí lo aterrorizado que estaba de la muerte y cómo esa era la razón por la que iba a la selva en viajes que ponían en peligro mi vida (al menos, a los ojos de mis amigos, que en general son gente sensata).

Aprendí que podía transformar los tres sueños lúcidos que me habían mantenido cautivo durante tantos años y se habían convertido en pesadillas. El verdadero tesoro era ser consciente de ello.

En el Amazonas, los chamanes aprenden a rastrear en el mundo invisible de la Luz Primordial: lo mismo que un cazador puede rastrear a un jaguar a través del bosque, puedes rastrear a los maestros que te ayudarán a encontrar las respuestas que buscas. En un estado alterado de conciencia el chamán se adentra en el mundo inferior, que es el tiempo pasado. Aquí, los antepasados pueden ayudarte a descubrir de dónde viniste o ayudar a un paciente a recuperar una parte del alma que perdió como resultado de un trauma ocurrido hace mucho en su pasado.

Del mismo modo, el chamán entrará en el mundo superior, que es el tiempo futuro. Aquí, los maestros del mañana pueden ayudarte a descubrir en quién te estás convirtiendo y a realizar una recuperación del destino, para ayudar a alguien enfermo a encontrar un estado futuro de curación que pueda guiarlo hacia la salud.

En las montañas elevadas de los Andes aprendes a transformar tus pesadillas por medio de la experiencia de la Luz Primordial. La senda andina es ardua, porque los *indios*[*] tuvieron que aprender a transformar la pesadilla de la conquista española en un regalo y una oportunidad. Tuvieron que aprender a perdonar a sus enemigos, a los que habían violado a sus madres y abuelas.

La senda del Amazonas requiere un maestro vivo que pueda ayudarte a navegar por los reinos de los antepasados y los no nacidos. Los seres que te encuentras en el camino te pueden ayudar a descubrir la Luz Primordial y encontrar tu sueño sagrado. Lo hacen mediante experiencias que a menudo contradicen las creencias que te han enseñado.

Tengo un amigo que es un maestro budista, un *roshi*. Un domingo nos sentamos a meditar en su monasterio durante una hora con las piernas cruzadas. Al poco tiempo me sumergí en una ensoñación pacífica, siguiendo la respiración mientras entraba y salía de mi pecho. En mi entrenamiento de chamán, he aprendido que la meditación es una plataforma desde la cual se puede explorar la Luz Primordial. Mientras examinaba la habitación con mi visión interior, advertí la presencia de una media docena de seres luminosos a lo largo de las paredes de la sala. Vestían como monjes con túnicas de seda y nos acompañaban en la meditación. De vez en cuando, uno de ellos flotaba hasta el centro de la

* En castellano en el original. Se ha mantenido así en todo el texto.

estancia y se acercaba a alguien en un gesto de bendición o de curación. Parecía divertirle que lo estuviera observando.

Tras la sesión, cuando estábamos solos, le mencioné esto al *roshi*, y él respondió con severidad: «En el zen no prestamos atención a los fenómenos. Lo consideramos una distracción». Sentí un leve rechazo por su parte y cambié de tema.

Un año después el *roshi* me acompañó en una de mis expediciones a Machu Picchu. Yo era amigo del arqueólogo jefe, así que tuvimos acceso a la ciudadela por la noche, cuando no había turistas. Nos acompañaba un chamán que trabajaba con el cactus San Pedro y que nos ofreció su brebaje visionario para que lo bebiéramos. También estábamos con don Manuel Quispe, uno de los grandes chamanes andinos. Lo había descubierto en un ejemplar de la revista *National Geographic* de 1962 en el que lo entrevistaron para un artículo sobre los pueblos incas a cuatro mil novecientos metros de altitud. Era uno de los últimos lectores conocidos del *quipu*, un *quipu-camayok*.* Y recordaba las historias de cuando el tiempo era joven, de cuando los hijos de la luz vinieron por primera vez del lago Titicaca, el mar en la cima del mundo, y se convirtió en mi mentor.

* N. del T.: El *quipu* era una herramienta de almacenamiento de información inventada y usada por las civilizaciones andinas consistente en cuerdas de lana o de algodón de diversos colores con nudos. Los *quipu-camayok* eran los especialistas en elaborar, «leer» y archivar los *quipus*.

Por la noche, Machu Picchu se desliza fuera del tiempo. Cuando se van los turistas, los habitantes sobrenaturales de la ciudad de la luz vagan por la ciudadela. Con la ayuda de plantas medicinales visionarias como el San Pedro, adviertes que el lugar está habitado. Nuestra visita coincidió con la luna menguante y bajo esa tenue luz caminamos hasta el templo principal, un patio con tres grandes ventanales a un lado y sin techo. Nada más llegar, el *roshi* se acercó a mí temblando aunque la noche era cálida.

–Este lugar está lleno de espíritus –dijo–. Mira al que está allí, con la placa en el pecho, y a los cuatro guardias con lanzas a cada lado.

Me di la vuelta y vi a don Manuel, el viejo chamán, hablando con el que llevaba el disco dorado en el pecho. En el transcurso de los años, me había familiarizado con los habitantes invisibles de Machu Picchu y los veía como amigos que agradecían nuestra visita. Pero era la primera vez que el *roshi* se encontraba con ellos y no pude evitarlo.

–En el chamanismo no prestamos atención a los fenómenos –le dije, tratando a duras penas de contener la risa–. Son solo una distracción en el camino.

CAPÍTULO 2

LA NATURALEZA DEL TIEMPO

Podemos viajar con nuestra imaginación a un reino mágico donde el tiempo fluye como un río hacia el futuro. Río arriba está nuestra fuente, en el pasado. Podemos vernos chapoteando a las orillas de este río en el presente. Nos deslizamos suavemente hacia el futuro cuando las aguas están tranquilas o por aguas bravas cuando caemos en un rápido. Si creemos que el río del tiempo fluye en una sola dirección, el pasado es cuestión de historia, de hechos y acontecimientos que no podemos volver a visitar. Así, el futuro se convierte simplemente en una extrapolación del presente. Podemos creer que mañana será una versión ligeramente mejor o corregida de la actualidad; esto es lo que llamamos progreso. Sin embargo, no hay garantía de que las cosas sean mejores mañana, por más que lo creamos. No hace mucho tiempo estábamos convencidos de que pronto ganaríamos la guerra contra el cáncer y eliminaríamos el hambre en el mundo.

En el sueño sagrado, el tiempo no obedece a las reglas por las que se guían nuestras mentes lógicas y que enseñamos a nuestros hijos en la escuela. Si deseas experimentar el sueño sagrado, deja a un lado por ahora lo que sabes sobre el paso del tiempo y su naturaleza lineal, su camino del pasado por el presente hacia el futuro, para que puedas descubrir lo que sabían las civilizaciones antiguas sobre el tiempo y la atemporalidad.

LOS CICLOS DEL TIEMPO

Durante milenios los sabios de los Andes fueron observadores atentos del movimiento de las estrellas, el lento, predecible cambio de los cielos. Entendían los ciclos y creían que todo tiene un tiempo: los acontecimientos humanos, como los celestiales, seguían ciclos de expansión y contracción, de creación y destrucción. A finales del siglo XV los astrónomos incas se dieron cuenta de que en el cielo nocturno había señales que predecían que un gran cataclismo se acercaba a su pueblo. Los *laika* viajaron al futuro por los ríos del tiempo y confirmaron lo que los astrónomos veían escrito en los cielos: profetizaron el colapso inminente de su imperio recién consolidado.

Los *laika* hablaban de hombres que eran medio animales y medio humanos (los caballos no eran conocidos en las Américas). Estos soldados tenían «palos que hablaban con fuego» y pelo en el rostro. Traerían con ellos pestes y enfermedades. Al poco tiempo de efectuarse esta profecía, ciento setenta españoles desembarcaron en lo que ahora es Perú y procedieron a conquistar el imperio más poderoso de las Américas. Trajeron con ellos gérmenes y virus como la viruela que eran desconocidos para el Nuevo Mundo y que llegarían a cobrarse la vida de millones de nativos americanos.

Durante siglos, los *laika* siguieron adivinando las profecías en secreto, observando desde sus santuarios en la cima de la montaña cómo se propagaba la civilización occidental. Comprendieron que el destino de su pueblo cada vez estaba más conectado al destino de la Tierra. Su preocupación se centró en la deforestación del Amazonas, el secado de las lagunas de alta montaña y la extinción de especies que habían sido abundantes solo unas décadas antes. Desde sus escondites pudieron presenciar el impacto del cambio climático en los glaciares y en la flora y fauna selvática. Ciertas ranas ya no cantaban al atardecer. Los cóndores que habían sido tan abundantes ahora eran cada vez más escasos. Y nacían llamas desfiguradas ya que estos pueblos vivían bajo el agujero de la capa de ozono sobre los Andes.

Hace unos pocos años una actualización de la profecía anunció la posibilidad de un colapso climático, a causa de cual los sistemas meteorológicos perfectamente ajustados se desquiciarían y darían lugar a fenómenos climáticos extremos como los que hoy estamos presenciando.*

No hace falta ser un *laika* para entender que el sueño del progreso se está convirtiendo en una pesadilla y que la humanidad se está comportando como un parásito de la Tierra. Estamos cometiendo una especie de matricidio, matando lentamente a nuestra propia madre. Los observadores del cielo sugirieron que el punto de inflexión ocurriría tras una gran alineación astronómica en diciembre de 2012 y explicaron que si para esa época no adoptábamos cambios difíciles de estilo de vida, sería muy complicado alterar el curso que la humanidad parecía estar tomando. Al poco tiempo de aquello, la Tierra pasó el nivel crítico de 400 ppm** de dióxido de carbono en la atmósfera que marcaba el comienzo de una especie de efecto dominó de cambio climático irreversible.

Los *laika* se dispusieron a explorar el río del tiempo en busca de un futuro más deseable y sostenible. Si pudieran encontrar ese posible futuro para el planeta, lo afirmarían con sus oraciones y lo instalarían en nuestro destino colectivo. Iba a ser difícil, ya que la suerte de la humanidad parecía estar echada. Recuerdo que

* Puedes ver un cortometraje de esta lectura de la profecía en www.TheFourWinds.com.

** N. del T.: Partes por millón.

un anciano del Amazonas me dijo: «¿Sabes?, extrañaremos a nuestro hermano blanco». Él creía que su pueblo soportaría el tremendo cambio que se avecinaba, pero los habitantes de la ciudad, exiliados de la naturaleza, se asfixiarían en su propia contaminación y desperdicios.

Los *laika* se mostraban pesimistas acerca del destino de la humanidad pero tremendamente optimistas sobre quienes están dispuestos a explorar una nueva forma de estar en el planeta. Esto significaba que tendríamos que descubrir nuestro propio sueño sagrado, un sueño que está entrelazado con el destino de la Tierra y todos sus habitantes.

Pacha, o espacio-tiempo

Para los *laika*, el tiempo se entrelaza con el espacio, de una forma muy parecida al concepto de la física conocido como espacio-tiempo. Los chamanes lo llaman *pacha*. Es la raíz de la palabra *Pachamama*, o Madre Tierra, nuestro hogar *en el tiempo y en el espacio*. Puesto que el espacio y el tiempo están profundamente conectados en la cosmología andina, no es descabellado imaginar que se podría atravesar el tiempo como se puede recorrer el paisaje.

Si te cuesta imaginártelo, prueba la definición de espacio-tiempo de la física. Es la esencia de la teoría de la relatividad general de Einstein, que a menudo se describe de la siguiente manera: *la materia le dice al espacio-tiempo cómo ha de curvarse, y el espacio-tiempo curvado le dice a la materia cómo ha de moverse.*

Es como un río.

He viajado por la selva tropical peruana y acampado a la orilla de los ríos Amazonas y Madre de Dios. Posteriormente estudié con los chamanes de los altos Andes, en aldeas cercanas a arroyos borboteantes que más tarde se fusionaban con los afluentes del Amazonas. Para el indio, el río es una buena metáfora de muchas cosas, entre ellas el tiempo. Hablan de corrientes misteriosas bajo la superficie que pueden llevarte de vuelta a tu nacimiento y más allá, a antes del momento de tu concepción y a vidas anteriores, y al principio mismo de los tiempos. Las corrientes del río del tiempo no fluyen solamente del pasado hacia el futuro. Y no tienes que luchar contra la corriente para nadar río arriba como los salmones. Tan solo tienes que encontrar la corriente subyacente adecuada que puede llevarte tan lejos en el pasado como desees.

Desde mis primeros viajes por los Andes tuve la suerte de estudiar con don Manuel, a quien mencioné anteriormente. Cuando lo conocí pasaba de los sesenta años y durante casi tres décadas recorrimos juntos los Andes.

En una ocasión, le pregunté a don Manuel si la noción inca del tiempo, de *pacha,* significaba que uno podía nacer de nuevo en el pasado. Yo creía que si la reencarnación existía, siempre renaceríamos en el futuro.

¿En mi próxima encarnación podría ser un soldado en el ejército de Alejandro hace dos mil años?

–Es como un sueño, donde el pasado y el presente se arremolinan entrando el uno dentro del otro –respondió–. Los niños siempre nacen en el futuro, pero los *laika* pueden visitar el pasado a voluntad, e incluso volver allí por un breve período o durante toda una vida. Depende de tu poder personal.

–¿Qué quieres decir? –le pregunté al anciano.

–Algunos no tienen suficiente poder personal, ni siquiera para estar plenamente en el momento. Están aquí, pero extrañamente ausentes, sin vivir en el presente. Se encuentran atrapados en el pasado, víctimas de su niñez, de cómo sufrieron, o no consiguieron lo que creen que se merecen. Rezan por un futuro mejor y más cómodo. –Continuó–: Tu poder personal es el producto de tu comunicación con el *Ti*. Si el *Ti* es fuerte en tu interior y el pasado no supone una carga, el sueño de un futuro diferente no puede seducirte. Entonces el pasado se abre a ti.

Con don Manuel aprendí que uno puede entrar en el río del tiempo para descubrir tesoros escondidos por los antiguos maestros en las corrientes y remolinos del pasado y en las turbulentas aguas blancas del futuro. Puedes viajar para explorar las corrientes del mañana y encontrar oportunidades para ti y tu pueblo. Una vez hecho esto, puedes dejar de buscar y dedicarte a la obra de crearlas con el poder del *Ti*, la Luz Primordial.

Al principio, los chamanes exploraban el río del tiempo para asegurar el éxito en la cacería. Si eras una chamana del suroeste americano, debías llevar a los cazadores a donde iban a estar los búfalos a la mañana siguiente. Si llegabas allí y encontrabas huellas frescas de búfalo en la nieve, no había nada que hacer. Tenías que rastrear avanzando por el río del tiempo para encontrar dónde iban a estar los búfalos y asegurarte de que los cazadores estuvieran allí también.

La historia de la nación osage es uno de mis ejemplos favoritos de rastreo corriente arriba a lo largo del río del tiempo. Los osage eran dueños de gran parte del medio oeste de Estados Unidos. El presidente Thomas Jefferson los llamó una gran nación y prometió mantener sus tratados. Pero esto no fue lo que sucedió. Los osage fueron trasladados a Kansas y luego, en 1870, los desalojaron y les dijeron que tenían que buscar una nueva tierra. Sus jefes y chamanes prometieron conducir a su pueblo a un territorio donde la Madre Tierra cuidaría de ellos y de sus hijos, y donde prosperarían. Adquirieron un vasto territorio en lo que más tarde se convertiría en Oklahoma. Era una tierra seca y estéril, inútil para la agricultura. Pero los chamanes les habían prometido un buen futuro. Resultó que la tierra Osage estaba asentada sobre los yacimientos patrolíferos más ricos de Estados Unidos.

Los osage lograron negociar todos los derechos minerales del subsuelo por sí mismos. Y cada uno de ellos recibió una regalía por el petróleo extraído de su tierra. Tan solo en el año 1923, los pocos miles de miembros de la nación osage que quedaban recibieron el equivalente a más de trescientos cincuenta millones en regalías, por lo que se convirtieron en la gente más rica del mundo entero.

Estos chamanes habían aprendido a navegar por los rápidos de aguas bravas del río del tiempo, para explorar y escoger un futuro rico. Por desgracia para los osage, su éxito condenó a su pueblo, que fue estafado por el gobierno y por blancos oportunistas en el salvaje oeste americano.

Los *laika* no rastrearon el bienestar económico de su pueblo. De hecho, la nación Q'ero a la que pertenecía don Manuel, se encuentra en una de las tierras más inhóspitas y yermas de los Andes. Como los hopi de Norteamérica, los q'ero eligieron picos desolados desde los cuales podían observar las intrigas del mundo y esperar el momento en que transmitirían su profecía de paz. Los *laika* quieren soñar el mundo y hacerlo realidad con el poder de la Luz Primordial, para crear belleza y paz donde hay conflicto y luchas.

Son guerreros luminosos dedicados a crear el cielo en la Tierra. Saben que su tarea en el sueño sagrado es explorar las corrientes del río del tiempo para encontrar la belleza.

¿EN QUÉ MOMENTO ESTAMOS Y HASTA CUÁNDO DURARÁ?

La sabiduría de los chamanes no está escrita en textos, y hasta hoy sigue siendo una tradición oral. Los primeros americanos utilizaron una forma de escritura pictográfica principalmente para llevar la crónica de las campañas militares. De manera que los incas no produjeron una Torá o una Biblia como los judíos y los cristianos, ni un Corán como los musulmanes. No hay textos como los *sutras* budistas. Tampoco hay reglas ni mandamientos escritos en una tabla de piedra ni en ningún otro lugar.

Esto hace que para un joven chamán sea un reto formarse hoy en día, después de que los conquistadores y la Iglesia católica persiguieran a los guardianes de la sabiduría *laika* como herejes y destruyeran sus escuelas mistéricas. No hay ninguna guía de cientos de años de antigüedad que ofrezca pistas sobre cómo bucear bajo las olas del río del tiempo, para nadar a contracorriente hasta el lugar donde fuiste engendrado o río abajo para descubrir quién podrías llegar a ser dentro de diez mil años. El estudiante tiene que entrar sin ayuda en ese estado entre el sueño y la vigilia, y en ese reino desconcertante donde el tiempo no fluye en una sola dirección, encontrar tesoros que fueron escondidos por poderosos maestros para las generaciones futuras: tesoros que se descubrirían mucho después de que el tsunami de la conquista se hubiera asentado en una onda de los remolinos del tiempo.

Antes de la llegada de los europeos, los jóvenes de ambos sexos se formaban bajo la tutela de los maestros. Se dice que Machu Picchu tenía una escuela para mujeres conocidas como las vírgenes del sol. Pero las invasiones españolas destrozaron las escuelas mistéricas. A partir de ese momento los chamanes tenían que descubrir por sí mismos la naturaleza fluida del espacio-tiempo. En ocasiones, utilizaban las plantas visionarias para que les revelaran la puerta a la atemporalidad. Con la práctica, aprendieron a viajar al futuro para ocultar su sabiduría donde ningún conquistador podría encontrarla, dentro de los pliegues del tiempo mismo. Los *laika* escondieron su sabiduría *en el futuro*, guardándola para un tiempo en el que estuviera madura para ser redescubierta y compartida, como un pájaro liberado de su jaula.

Alejandro Kahuanchi, un chamán huachipaeri de la exuberante selva de las tierras altas cerca de la ciudad de Cusco, y un magnífico rastreador, me enseñó la práctica de peregrinar por el tiempo. Su apellido proviene de una palabra quechua que significa 'vidente'. Yo tenía veintitantos años cuando lo conocí.

Kahuanchi me enseñó a esconder un tesoro espiritual para descubrirlo en mi lecho de muerte de aquí a muchos años. Ese tesoro me ayudaría a superar el miedo y el caos producidos por la cercanía de la tormenta de la muerte y me brindaría el coraje necesario para dejar atrás mi cuerpo y regresar al mundo del Espíritu conscientemente, con gracia y dignidad. «Pero tienes que tener cuidado para no presenciar el momento de tu muerte –insistió–. Le corresponde a Dios decidir los detalles. No puedes elegir el momento de tu tránsito. Pero puedes elegir afrontarlo con coraje, rendirte a tu muerte como se hace con un amante y llevar tu conciencia contigo en el más allá».

Era una oferta irresistible y, siguiendo sus instrucciones, enterré una cápsula del tiempo para descubrirla en los últimos días de mi vida. Algún día veré si funcionó.

Hay peligros que acechan en las mareas del tiempo. Puede ser bastante turbulento cuando te deslizas por él durante el curso de la vida diaria. Pero cuando te lanzas al futuro o al pasado en un viaje chamánico, es difícil distinguir lo que es real. Aquí la fantasía y la ilusión se entrelazan. ¿Qué es verdad y qué es magia, truco o engaño? Cuando soñamos durante la noche, dondequiera que nos encontremos –en un tren o hablando con nuestro difunto padre–, todo parece absolutamente real y tan tangible como nuestra realidad de vigilia. Sin embargo, cuando despertamos, los detalles se desvanecen de la memoria en un instante. ¿Cómo saben los chamanes si sus viajes espirituales a través del espacio-tiempo son verdaderos?

Tienes que entrenarte para mantener la claridad durante un peregrinaje y para evitar que los fantasmas del pasado que habitan estos reinos te aterroricen o las tentaciones del futuro te seduzcan. La comunicación con los seres sin forma puede ser engañosa: muchos son fantasmas hambrientos disfrazados de maestros espirituales. Y nos dejamos seducir fácilmente por las respuestas que nos hacen sentir más cómodos e importantes. Ahora, en retrospectiva, entiendo los comentarios del *roshi* sobre cómo estos seres pueden convertirse en una distracción que nos desvía del camino.

Cuando comencé mi entrenamiento de chamán, me preguntaba: «¿Esto es real o me lo estoy inventando?». Durante una larga estancia en la selva trabajando con la vid de ayahuasca, comencé a conocer el territorio que me mostraba la planta medicinal. Ya no me zarandeaban las visiones, llevándome desde los cielos más sagrados hasta los infiernos más profundos, sino que era capaz de guiarlas. Pero antes de que sucediera esto tuve un encuentro aterrador con una anaconda amazónica. En una ceremonia con las plantas medicinales, nos encontrábamos dentro de una *maloca*, una cabaña de paja circular levantada por encima del suelo sobre unos postes. Estábamos trabajando en el interior porque el río Amazonas había invadido sus orillas e inundado la zona. A mitad de la noche, sentí la necesidad de orinar...

Salgo de la *maloca* y bajo un par de escalones de madera. Estoy orinando tranquilamente, con un cielo cubierto de estrellas sobre mi cabeza, cuando noto una ondulación en el agua que viene hacia mí. Al acercarse me doy cuenta de que es una serpiente, una gigantesca anaconda que abre su boca al llegar a mí, mostrándome las membranas de su paladar. Estoy aterrorizado por la bestia y corro de vuelta al interior; allí me tapo la cabeza con el poncho, rezando para que se vaya.

Unos meses más tarde estoy dirigiendo un taller en los Alpes suizos. Cuando termina el programa nocturno, voy caminando hasta mi cabaña y me detengo durante unos momentos para admirar las estrellas. La cabaña se encuentra en lo profundo del bosque y la noche es cálida y clara. De repente me doy cuenta de una ondulación que atraviesa el aire como una onda de sonido, solo que todo permanece en silencio. Y luego veo a la gigantesca anaconda deslizándose hacia mí desde el bosque. Esta vez me mantengo firme, sintiendo cómo me late el corazón en el pecho. Me doy cuenta de que la serpiente viene a por mí y observo cómo abre sus mandíbulas y veo la membrana de su paladar. A continuación oigo una voz que dice con absoluta claridad: «Sabes que te voy a comer. Tu elección es pasar a través de mí y salir por el otro lado como excremento de serpiente o convertirte en mí cuando te digiera».

Comprendo que luchar es inútil y asiento con la cabeza a la gran criatura. Siento cómo me traga y aplasta todos mis huesos al tiempo que mi luz, liberada de mi cuerpo, se filtra por cada célula de la gran serpiente y me fusiono con ella.

En ese instante comprendí perfectamente lo que significaba ser un guerrero luminoso sin enemigos en este mundo ni en el otro. La anaconda no era mi enemiga.

Era una prueba, una amiga que me liberó de mi miedo a perder la vida.

Tardé un momento en regresar a mi cuerpo, de pie al borde del bosque, mirando a las estrellas una vez más. Me pellizqué. No había anaconda, y me sentía inmenso y expansivo, bañado en la Luz Primordial, parte de un gran vacío consciente y vivo.

Unas semanas más tarde, regresé a California a mi trabajo como miembro del cuerpo docente universitario. Tras un día de reuniones y comités, de calificar los exámenes que los estudiantes habían hecho para realizar mi curso con vistas a graduarse, recuerdo que me pregunté a mí mismo: «¿Esto es real?». Y en esos sagrados recintos de aprendizaje, no pude encontrar nada real.

Allí ya no había ninguna verdad para mí.

Eso significaba dejar el cuerpo docente de una universidad prestigiosa y la comodidad de un salario mensual. Me había esforzado mucho para asegurar mi trabajo y posición, y una mañana al despertar me di cuenta de que la seguridad que anhelaba se había convertido en una jaula de oro. Yo era como un águila a la que le hubieran cortado las alas; tenía un aspecto impresionante posado en mi pedestal, pero no podía volar lejos por más que las batiera. Era hora de que el profesor muriera, de soltar el amor, el dinero y la identidad que me ofrecía aquel puesto.

Decidí que había llegado el momento de dejar de esconderme tras mis títulos universitarios y comenzar a enseñar a los adultos destinados a convertirse en chamanes modernos. En aquel entonces tenía una familia joven que mantener y ningún ingreso, título o puesto, pero sabía quién era y hacia dónde iba. No es que tuviera un objetivo en mente. Era una inspiración imprecisa y un sentido del destino, que me hicieron alejarme de la ensoñación.

Desperté del sueño de la seguridad. Todavía tendría que despertar del sueño de permanencia y del sueño de amor que es incondicional. Pero había probado por primera vez el sueño sagrado y el *Ti*, y sabía que tras eso nada sería lo mismo.

LOS BUSCADORES DE TESOROS

En el Himalaya, hay unos exploradores del reino entre el sueño y la vigilia llamados *tertöns* que pueden desenterrar tesoros espirituales enterrados hace mucho tiempo. Se dice que el sabio Padmasambhava ocultó un cuerpo de enseñanzas avanzadas conocidas como *La perfección de la sabiduría* para las que el mundo aún no estaba preparado. Ocultó estos textos en las profundidades del océano, protegidos por feroces serpientes de mar conocidas como *nagas*. Seiscientos años más tarde, fueron descubiertos por Nagarjuna, cuyo nombre significa 'aquel que tiene poder sobre las *nagas*'. Las serpientes de mar que Nagarjuna encontró y dominó se asemejan a los monstruos aterradores a los que el chamán debe enfrentarse para descubrir los tesoros enterrados en las profundidades.

El nombre de Nagarjuna nos ofrece una pista de cómo podemos hacer esto. ¿Cómo dominamos a estos demonios y derrotamos a estos monstruos que pueden ser tan aterradores? Muchos hemos pasado años en terapia y asesoramiento psicológico para ayudarnos a encontrar la manera de llevar la paz a nuestras luchas internas. Sabemos que luchar contra nuestros demonios internos solo los hace más fuertes, como la hidra de cien cabezas con la que se enfrentó Hércules: cada vez que el héroe cortaba una cabeza con su hacha, crecían otras dos. El chamán entiende que no hacen falta hachas, porque todas estas *nagas* son sombras que se disuelven en presencia de la Luz Primordial. Permaneciendo en esta luz, el guerrero luminoso observa cómo las sombras se disipan gradualmente. Esto se debe a que ninguno de estos demonios existe de verdad, a pesar de que parezcan totalmente reales. Son solo reflejos de los demonios que llevamos dentro que están convirtiendo nuestro trabajo, nuestra relación o nuestra salud en un infierno.

Desde el advenimiento de la psicología, ya no nos referimos a los demonios sino a las creencias inconscientes que orquestan nuestra realidad. Los *laika* no pasan años luchando con estas creencias limitantes. En cambio, transforman los tres sueños de la seguridad, la permanencia y el amor que es incondicional, y descubren los tesoros de la Luz Primordial.

LOS TESOROS ENTERRADOS PROFUNDAMENTE

A menudo nos conformamos con los tesoros espirituales que encontramos más cerca de la superficie, los que descubrimos durante un retiro de fin de semana o en terapia. Recibimos una nueva revelación acerca de nuestra familia, o sobre un patrón de comportamiento o creencia que nos está causando problemas en nuestras vidas y en nuestras relaciones. Estas percepciones son valiosas, pero después de dedicarnos a cultivarlas durante un tiempo, descubrimos que nuestra búsqueda solo ha limitado la exploración mucho más profunda que anhelamos.

A la larga es desalentador permanecer fascinado por las revelaciones que nos hacen seguir trabajando en nuestras faltas durante el resto de nuestras vidas. Llega un momento, después de un tiempo, en que nos aburren esos conocidos que nos dicen alegremente frases para ser felices pero que solo sirven para hacer que nuestras conversaciones sigan siendo superficiales y previsibles. Nos cansamos de las fórmulas únicas para el éxito o la iluminación que creíamos haber descubierto. Empezamos a entender que son sueños que durarán muy poco y luego se convertirán en más pesadillas.

Pasé la infancia con el espectro de la muerte a mi alrededor. En Cuba se estaba produciendo una revolución y no era raro ver charcos de sangre seca por una calzada o acera en el camino a la escuela. Más tarde, durante la veintena, mientras estudiaba en la universidad en California, me fascinaron los relatos de reencarnaciones de la India. Me convencí de que sin duda había una vida después de la muerte, y les contaba esto a mis compañeros de estudios en mi programa de posgrado en Psicología. Me negaba a plantearme la posibilidad de que de niño le tenía tanto miedo a la muerte que obsesionarme con el renacimiento era una manera de compensar mi temor.

Luego, en mi primer viaje a la selva amazónica y durante mi primera sesión de ayahuasca, tuve una experiencia vívida de mi muerte. El nombre de esta planta medicinal significa 'vid de la muerte', y es frecuente que las personas experimenten sus miedos más profundos cuando la toman. Mi experiencia fue aterradora. Esa noche, miré mi reflejo en una piscina poco profunda al lado de la choza del chamán donde trabajábamos y vimos un pájaro gigantesco, un cóndor tal vez, hundir su pico en mi cara y empezar a arrancarme la carne, comenzando por los ojos. El dolor era insoportable. Y no cesó hasta que el gran pájaro me comió toda la cara y el cerebro.

Al día siguiente le pregunté al chamán, don Ramón, lo que había sucedido. «A veces la planta hará eso –respondió–. Invocará tus temores, para que puedas verlos y soltarlos».

Parecía no darle ninguna importancia a la experiencia. Pero, claro, era a mí a quien le habían comido el cerebro la noche anterior. Probablemente no fuera mala idea hacerles frente a mis miedos, pensé luego, en particular al de la muerte. Aunque si pudiera evitarlo... Después de todo, la experiencia había sido aterradora. «Una vez que sacas a la muerte de tu interior, la planta te da hermosas visiones», explicó don Ramón.

La noche siguiente volvimos a celebrar la ceremonia. Noté que me sirvió una taza más grande. «Para las buenas visiones», dijo.

En mis visiones, estaba en un hermoso campo verde... De repente me sorprendió el olor de la carne podrida. Abrí los ojos y me di cuenta de que mi cuerpo estaba en descomposición. Las larvas se arrastraban por mis brazos, los gusanos me comían las piernas y mi vientre podrido desprendía un hedor insoportable.

Traté de llamar al chamán, pero mis labios ya se habían descompuesto y habían desaparecido, y mi boca no funcionaba.

Finalmente, me quedé dormido, con las fosas nasales llenas del hedor de la carne putrefacta. Cuando me desperté en una colchoneta en la *maloca* a la mañana siguiente, me sentí aliviado de que mi cuerpo hubiera vuelto a la normalidad.

Más tarde, ese día, don Ramón dijo: «Estás atrapado en la pesadilla de la muerte. Tenemos que exorcizar la muerte que vive dentro de ti».

La noche siguiente tuvo que convencerme de que tomara la asquerosa poción otra vez. Estaba aterrorizado, pero decidido a enfrentarme a mi miedo. El chamán comenzó a cantar y silbar, y lo oí llamar a mi muerte a mi lado, pidiéndole que se me mostrara. Tras unos momentos, apareció una figura oscura con un sombrero oscuro y se sentó a mi lado. Parecía estar fumando una pipa. «Yo soy tu padre –dijo–. Todos sois los hijos de la muerte».

Y a continuación la figura se quitó el sombrero y no había rostro, solo una luz brillante como el sol. Todo a mi alrededor se convirtió en luz, y entendí que había muerte en la vida y vida en la muerte, y que la muerte también es parte de la Luz Primordial.

Esa noche comencé a hacerme amigo de la muerte. Ya no tenía que vivir con la pesadilla de ser acosado por la muerte durante más tiempo. La muerte estaría allí para recordarme cómo vivir sin miedo, en el infinito. Eso era solo el comienzo. Tenía que transformar el sueño de la muerte, y para eso hacía falta una búsqueda profunda del alma en mi estado normal de vigilia. Siempre me resulta sospechoso quien solo puede ver a Dios (o la muerte) en medio de un «subidón» de alguna planta medicinal exótica.

Tras despertar de la oscuridad de la pesadilla de la permanencia puedes experimentar la muerte como tu aliado. Te invito a que examines lo que parezca estar «matándote» en tu vida (finanzas, salud, pareja, hijos, padres, trabajo) y consideres cada una de estas circunstancias desafiantes una invitación para descubrir un demonio del que puedes hacerte amigo. Deja que la muerte te ayude a reclamar la generosidad infinita que es la naturaleza de la Luz Primordial.

SEGUIMOS A LOS SOÑADORES ANCESTRALES PARA SOÑAR Y CREAR UN MUNDO NUEVO

En los Andes, mucho antes de que llegaran los conquistadores, se rendía honor a los sabios o *laika*. Pero el ejército español y la Inquisición católica volvieron al pueblo llano en contra de sus propios sabios, como se hacía en Europa con las mujeres sabias que eran acusadas de brujas y quemadas en la hoguera. Pronto a los indios les costó distinguirlos de los brujos que lanzaban hechizos y se aprovechaban de los demás. A los *laika* no les fue mejor con los sacerdotes españoles. Aunque los europeos mantuvieron a las comadronas (que ayudaban en el parto de los hijos mestizos que los conquistadores tenían con las mujeres nativas) y a los herboristas (que eran muy valiosos cuando los europeos enfermaban y necesitaban curación), persiguieron a los sabios porque la religión nativa contradecía a la suya. Según los *laika*, los indios nunca habían sido expulsados del jardín del Edén y todavía hablaban con Dios y con los ríos y los árboles. Poco después de la conquista a comienzos del siglo XVI, la inmensa mayoría de los *laika* fueron expulsados de las ciudades y se ocultaron en las tierras altas.

Los *laika* eran astrónomos, arquitectos, médicos y videntes capaces de leer las señales del destino. Creían que cada gran creación en el mundo físico se sueña primero como un plano arquitectónico dibujado en el mundo invisible. Soñaron con ciudades en las nubes, y sus arquitectos construyeron Machu Picchu. Soñaron con transformar los desiertos secos en campos fértiles, y sus ingenieros construyeron acueductos para lograrlo. Sus sueños fomentaban la paz y la ciencia de la curación con plantas en civilizaciones ancestrales como Monte Verde, en Chile, que florecieron hace aproximadamente dieciséis mil años, antes de que ninguno de los primeros americanos pudiera haber cruzado el estrecho de Bering desde Siberia oriental.[1]

Más tarde soñaron con Caral, una metrópolis en el desierto peruano que floreció hace cinco mil años. Caral era una ciudadela próspera de más de veinte mil habitantes antes de que se construyeran las grandes pirámides de Giza. En ella no se han encontrado restos de almenas, armas, fortificaciones, muros para mantener a raya a los enemigos, cuerpos mutilados u otros indicios de guerra. Los *laika* crearon una civilización dedicada al placer, el arte, la sabiduría, el comercio y el culto. Los habitantes de Caral eran poetas y músicos. Vivieron un sueño de relaciones pacíficas y provechosas con sus vecinos.

Hay una historia que ilustra cómo cada uno de nosotros juega un papel importante en la creación de un sueño.

Un viajero llega a París durante la Edad Media cuando se construía la catedral de Notre Dame. Se detiene y les pregunta a dos canteros lo que están haciendo. El primero responde que está extrayendo una piedra. El segundo, que está haciendo exactamente lo mismo, responde: «Estoy construyendo una catedral».

Cuando encuentras tu sueño sagrado y saboreas el poder de la Luz Primordial, estás obligado a compartirlo, a difundirlo sin pedir nada a cambio. La Luz Primordial crece en tu interior solo en la medida en que la entregas a los demás. Yo llamo a esto la *gran entrega*, y lo trataremos al final del libro.

Los sueños sagrados engendran grandes civilizaciones. El sueño se regala generosamente y todo el mundo tiene que aportar su parte para llevarlo a buen término. Inevitablemente las generaciones posteriores desperdiciarán sus tesoros.

Hoy en día quedan pocos soñadores sagrados. La gente acapara el destello de su propia luz temiendo que alguien pueda robarles el fuego. Muchos de los maestros actuales son reacios a compartir sus secretos. La entrega ya no se practica.

En cambio, en los Andes la gente del pueblo vive el principio de la entrega en sus quehaceres cotidianos. La palabra utilizada para describirlo es *ayni*, que los eruditos traducen libremente del quechua como 'reciprocidad' y que significa 'hoy por ti, mañana por mí'. Sin embargo, *ayni* es mucho más que una transacción de negocios entre personas. En su sentido más profundo, significa compartir la generosidad de la Luz Primordial, que es ilimitada sin esperar nada a cambio. Y aunque la sabiduría popular establece una mutualidad práctica entre la gente, su sentido más elevado es el de dar sin esperar retribución.

Lo que convierte al chamán en un gran sanador es la entrega. No se da a sí mismo ni aporta sus conocimientos en la medida en que es pagado por sus servicios. Se entrega por completo, emplea todo su poder y utiliza todos sus conocimientos, y al final de la sesión de curación, cuando el paciente le pregunta cuánto le debe, la respuesta del *laika* es siempre la misma: «Lo que puedas ofrecerme». Así entiende el chamán la entrega que no espera nada a cambio y acepta agradecidamente lo que se le ofrece.

Te cuento algo que me relató don Manuel. Esta cita es de mi libro *Viaje a la Isla del Sol*, que escribí con Erik Jendresen:

> Comenzamos haciendo *ayni* por superstición primitiva, por «agradar a los dioses». Más tarde lo hacemos por costumbre, como parte de una ceremonia. Estas formas de *ayni* se realizan por miedo o tradición, no por amor. *Finalmente*, hacemos *ayni* porque *debemos*, porque lo sentimos aquí –se tocó el pecho–. Dicen que solo entonces es *ayni* perfecto, pero creo que el

ayni siempre lo es, que nuestro mundo es siempre un verdadero reflejo de nuestra intención, nuestro amor y nuestras acciones.

EN RESUMEN

Muchas personas están atrapadas en un sueño diurno que se ha convertido en una pesadilla de vida. El primer paso para despertar de la pesadilla es romper el contrato «Cuando ...., conseguiré ....» que hemos adoptado con nosotros mismos.

Hay tres pesadillas que han atormentado a los humanos durante milenios y que debemos transformar para descubrir nuestro sueño sagrado y el poder de la Luz Primordial:

- La pesadilla de la seguridad: ¿cómo mantenernos seguros en un mundo peligroso?
- La pesadilla de la muerte: ¿por qué todo, incluida nuestra vida, tiene que terminar?
- La pesadilla del amor que es incondicional: ¿cómo encontraré a mi amor?

Cuando transformamos la pesadilla de la falsa seguridad, conocemos la verdadera seguridad y paz. Cuando transformamos la pesadilla de la muerte, descubrimos el infinito. Cuando transformamos la pesadilla del amor que es incondicional, nos volvemos intrépidos.

Siguiendo las prácticas de este libro no conseguirás una casa más grande, un trabajo mejor, un socio más inteligente ni una pareja más atractiva. No se trata de hacerse rico y famoso. Se trata de que sueñes un destino sagrado para ti.

Se trata de que te conviertas en un guerrero luminoso en estos tiempos oscuros.

Esta sabiduría es muy sencilla y directa; sin embargo, ha estado oculta durante cientos de años. Pero ahora es el momento y el lugar.

CAPÍTULO 3

SOÑADORES ANCESTRALES Y CIVILIZACIONES MISTERIOSAS

Según la leyenda, el primer inca fue llamado Inkari,* nacido en el lago Titicaca, el mar en la cima del mundo, y su destino fue crear el mayor imperio de la historia de las Américas. Sin embargo, los *laika* no registraron la historia de Inkari y su compañera, Collari, unos años después de que fundaran la nación inca. La registraron *antes* de que esto sucediera. Sus profetas y videntes invocaron el destino de su pueblo desde el futuro.

Durante mucho tiempo me costó entender el mito inca de la creación. ¿Quién fue Inkari? ¿Fue un hombre? ¿Un dios? ¿Los *laika* lo invocaron desde el futuro? Don Manuel se propuso enseñarme, una enseñanza que comparto aquí contigo.

* 'Inca rey'. En muchos textos aparece también como Inkarri.

EL HOMBRE Y EL MITO

Don Manuel me explicó que los incas nacieron en la Isla del Sol en el lago Titicaca, al principio de los tiempos. Estábamos sentados al borde de un gigantesco monumento arqueológico, en un sitio llamado Moray, en el Valle Sagrado del Perú. Mientras la mayoría de los templos se elevan hacia el cielo, este se adentraba en la tierra, en la depresión natural de un valle. Tres concavidades adyacentes habían sido cuidadosamente adosadas en una hendidura entre las colinas, la más grande de casi ochocientos metros de diámetro. Cada una de las siete u ocho terrazas se construyó con tierra que hombres de regiones lejanas del Imperio cargaban a sus espaldas. Se trataba de un vasto laboratorio agrícola donde los incas reproducirían y cruzarían el maíz con su sabiduría para adaptarlo a los diferentes ecosistemas de su Imperio. Los incas habían conseguido adaptar más de cuatrocientas variedades de maíz (negro, azul, amarillo, blanco, rojo y muchos más) con diversas características y temporadas de cultivo. Moray era un templo donde se juntaban la magia y la ciencia.

Don Manuel continuó: «El primer padre fue llamado Inkari. Era un ser con poderes sobrenaturales que podía alterar el curso de los ríos con su mano y aplastar las colinas con sus pies, y su aliento era tan poderoso y aterrador como los vientos que soplan sobre el lago de la cima del mundo, el Titicaca».

Inkari era un ser humano de carne y hueso con un padre celestial, el sol. Su madre era el vacío oscuro del espacio, el vientre cósmico en el que nacen las estrellas. Al poco tiempo de nacer, Inkari se propuso buscar un valle fértil donde fundar una nueva civilización. El sol le dio un bastón de oro para probar el suelo que solo se hundiría en la tierra blanda y fértil en «el ombligo de la tierra», la futura ciudad de Cusco.

La primera vez que Inkari lanzó su bastón, este cayó en las tierras altas andinas, pero el suelo era demasiado duro y nunca produciría mucho fruto. Sin embargo, el paisaje era tan hermoso que Inkari hizo de esta la casa del pueblo q'ero y delegó en ellos la tarea de proteger la sabiduría y los ritos de iniciación. Los q'ero serían quienes recordaran la historia de la creación y la profecía de que Inkari volvería a fundar un segundo imperio basado en la sabiduría y no en el poderío militar.

Mientras escuchaba a don Manuel, pensé en lo extrañamente similar que era esta historia a la de los indios hopi del sudoeste norteamericano, a quienes el Gran Espíritu les ordenó fundar sus aldeas en las mesetas estériles que ellos llaman su hogar. En ese paisaje desértico no crece casi nada, pero los hopis son también los guardianes de una antigua sabiduría y profecía. Hay un halo de verdad universal en esto: los guardianes de sabiduría la mantienen segura en lugares remotos donde nadie en su sano juicio iría a buscarlos.

La siguiente vez que Inkari lanzó su bastón, este cayó en el fértil valle sagrado del Cusco (la palabra *qosco* significa «ombligo»), y decidió establecer allí el Imperio de los Hijos de la Luz. Inkari anhelaba una pareja, por lo que regresó al lago Titicaca para encontrar a Collari, la primera madre, con quien fundó el reino inca. «Este es el mal que heredamos de nuestro padre, Inkari –lamentó don Manuel–. Un hombre tiene que recorrer un duro camino a través de las montañas para encontrar a la mujer con la que puede descubrir la felicidad. El hombre no puede encontrar su razón de ser por sí mismo, y no soporta estar solo. En cambio, una mujer debe descubrir su naturaleza por sí misma. Si espera que un hombre la descubra, solo se encontrará a sí misma a través del reflejo de este, y nunca será feliz. Una mujer sin un hombre es un ser completo, pero un hombre sin una mujer es solo la mitad de una persona».

Me preguntaba cómo había llegado don Manuel a esas fantásticas conclusiones sobre los hombres y las mujeres. Ciertamente parecía que podían aplicarse a mi caso, ya que durante toda la vida había buscado la pareja adecuada para que me acompañara en la siguiente etapa de mi viaje, y muchas de mis amistades masculinas se sentían perdidas y hundidas sin pareja. Pero no creo que don Manuel se refiriera exactamente a eso.

Pensé que probablemente hablaba de la experiencia de buscar a la madre de sus hijos. Recordé que la nación Q'ero tenía menos de seiscientos habitantes distribuidos en seis aldeas. Con el fin de evitar el matrimonio con cualquiera de sus parientes, tenían que desplazarse fuera de su propia aldea, lo que explica el largo viaje que un joven debía emprender para encontrar pareja. Le conté mi teoría al anciano, convencido de que el hecho de que Inkari tuviera que viajar tan lejos para encontrar a su pareja debía de tener una explicación lógica.

A don Manuel pareció hacerle gracia mi explicación. «Todos estamos emparentados –explicó–. Incluso tú y yo. Somos los hijos de la Pachamama. Todos somos parientes lejanos. El hombre tiene que encontrar a la madre adecuada para dar a luz a Inkari. Pero es la mujer quien escoge a su pareja, ya que su intuición es mucho más aguda que la nuestra, porque el criterio de un hombre siempre está nublado por el deseo. Toda mujer sospecha que dará a luz a un ser divino, y para nuestro pueblo, cada niño que nace es un milagro, un regalo del cielo. –Luego continuó–: Estamos esperando que Inkari regrese una vez más, para completar su obra de establecer un nuevo Imperio de la Luz. Este no será un imperio militar como el anterior. Este nuevo imperio se basará en la generosidad, en *ayni*, en dar, más que en la codicia. Esto es lo que quería nuestro primer padre pero no lo consiguió».

EL VALLE DE CUSCO

Inkari y Collari fueron el primer padre y la primera madre de la nación inca. Cuando llegaron al fértil Valle Sagrado, este ya estaba densamente poblado. Inkari les prometió a los jefes de las tribus allí asentadas que no les arrebatarían sus tierras, que las montañas les proporcionarían su maíz. Así los incas comenzaron a construir terrazas en las laderas de las colinas. Crearon canales de irrigación para regar las terrazas y prepararon los suelos para que absorbieran la humedad e irrigaran las plantas desde sus raíces.

Sigue asombrándome la manera en que los incas excavaron terrazas en las laderas rocosas e hicieron fértiles las montañas estériles, y cómo construyeron ciudades como Machu Picchu en las nubes.

Cuando conocí a don Manuel, me conmovió su afirmación de que el experimento de Inkari había fracasado. Yo sabía que los incas en sus primeros días fueron grandes integradores. Asimilaron a los diversos vecinos beligerantes, respetando sus costumbres y honrando sus deidades locales. Sin embargo, más tarde, tras la muerte del gran Inka Pachacuti, el genial arquitecto de Machu Picchu, los incas se volvieron cada vez más militaristas y se dedicaron a la conquista; construyeron un imperio más grande que Estados Unidos.

Su poder militar ayudó a los incas a convertirse en los gobernantes indiscutibles de un reino inmenso y rico, hasta la llegada de los conquistadores. En pocos años, los españoles, con sus armas, caballos, hombres con armaduras y hojas de acero, diezmaron el mayor imperio que han conocido las Américas.

Había leído sobre la conquista española pero no conocía el punto de vista de los q'ero. La historia la escriben los vencedores, no los vencidos. De manera que la perspectiva de don Manuel era nueva y profunda para mí.

El experimento del hombre-dios había fallado. La codicia y el poderío militar habían eclipsado el principio fundacional de la generosidad. Sin embargo, Inkari volvería. Habría una segunda oportunidad.

Y los q'ero, los protectores de la sabiduría y guardianes de la profecía, tenían un papel que desempeñar en esto.

Me volví hacia don Manuel y le pregunté:

—Entonces, ¿la razón de ser de tu pueblo es proporcionar el caldo de cultivo para que nazca Inkari?

—No —contestó—. Inkari podría nacer en cualquier parte, incluso de una madre estadounidense. Hasta podría ser hijo tuyo. Sencillamente mantenemos la sabiduría de *ayni*, de la generosidad, de la entrega. Esto es lo que hará posible el surgimiento del Nuevo Imperio de los Hijos de la Luz y marcará el comienzo de un milenio de oro y paz en la Tierra.

Francamente, no me gustó oír eso. Sonaba un tanto mesiánico, se parecía demasiado al dogma cristiano con el que había sido criado que anunciaba la segunda venida de Cristo y el establecimiento del Reino de los Cielos en la Tierra, junto con el destierro de las fuerzas de la oscuridad a manos de legiones de ángeles con espadas flamígeras.

Sin embargo, sé que don Manuel no había estado expuesto al dogma cristiano y nunca había entrado en una iglesia.

–Tal vez él ya esté aquí, *viracocha* –dijo don Manuel. Se dirigía a mí con el título con el que los conquistadores exigían a los indios que los llamaran. *Viracocha*. Dios. Es solo que utilizaba el título de una manera ligeramente despectiva, burlándose de mí.

–Mira, podrías levantarte una mañana y descubrir que te has convertido en Inkari. No estamos esperando el nacimiento de un niño, sino que una persona se vuelva como un dios. Para esto es necesario que hagas un *ayni* perfecto, que el universo refleje perfectamente el estado de tu amor, tus acciones y tu intención. Que practiques la gran entrega sin aferrarte a nada, ni siquiera a tu nombre o a tus ideas sobre quién eres y lo que posees. Por ejemplo –prosiguió–, tienes todo lo que un hombre puede desear. Tienes zapatos, una casa, incluso un coche y dinero. Tienes un título de doctor y la gente te respeta por eso.

Miró mis elegantes botas de senderismo de cuero y luego volvió a mirar sus pies cubiertos apenas por unas sandalias. Llevaba esas sandalias en invierno y en verano, en el calor y el frío.

–En cambio –dijo–, yo no poseo nada, pero tengo los Andes nevados y los fértiles valles. Pertenezco a ellos, y supongo que de alguna manera me pertenecen a mí también. Sin embargo, no los poseo. Aquí es donde el experimento de Inkari fracasó. Los incas querían poseer a la gente y la tierra, incluso sus historias y sus dioses.

–¿Cuál es el experimento? –le pregunté–. ¿El que falló en el Imperio inca?

–Es el experimento de *k'anchaypa wawankuna.* Los hijos de la luz. Verás, el primer inca comenzó bien. Luego se dejaron seducir por el poder. Dejaron de dar y empezaron a tomar. Tomaron las tierras de la gente, reclutaron a la fuerza a sus hombres jóvenes para los ejércitos del Inca, a las mujeres jóvenes las sacaron de sus familias y las llevaron a los templos como sirvientas. –Prosiguió–: Se llamaban a sí mismos los hijos del sol, pero olvidaron que la luz no hace sino dar. No pide nada a cambio. Calienta tanto a los ricos como a los pobres. Cada mañana el sol sale sin falta y es la fuente de la vida de nuestras plantas. Cuando echamos un tronco al fuego, estamos liberando la luz del sol atrapada dentro del tronco y de las ramas de ese árbol. Cada temporada, se almacena un poco más de luz en cada árbol a medida que este se vuelve más fuerte. Sin embargo, con los seres humanos es diferente. Nacemos llenos de una luz celestial. Pero luego, a medida que envejecemos, disminuye nuestra luz, hasta que nos volvemos arrugados y con el pelo blanco y nos queda muy poca luz. Y entonces nuestra llama oscila como la de una vela que está a punto de apagarse.

Don Manuel me explicó la diferencia entre los chamanes y las demás personas:

–Yo soy un chamán y la única diferencia entre un hombre corriente y yo es que mi luz se hace más fuerte cada día. Cuando un chamán muere, nuestra luz vuelve a liberarse como ese tronco en el fuego, y regresamos a nuestro padre, el sol. Y luego todos nosotros, los chamanes y la gente corriente, volvemos en otro momento y tenemos la oportunidad de hacer las cosas bien.

–¿Cómo lo hacemos? –le pregunté a don Manuel.

–¿Cómo? Del mismo modo en que lo hiciste tú –explicó agarrando un puñado de tierra–. Una vez perteneciste a esta tierra, amaste estas montañas y este suelo, y por eso sigues regresando. Ahora eres un hombre blanco, un *viracocha* blanco. –Sonrió mientras repetía el nombre de la antigua deidad andina–. Lo más probable es que fueras un campesino de esa *hacienda* que ahora posees. Recuerda que hasta no hace mucho el terrateniente blanco también era dueño de nuestra gente. Cuando yo era niño, tenía que bajar a trabajar sus campos una vez al mes. Pero no creas que puedes seguir siendo nuestro dueño. No puedes ser el señor de Q'ero.

Me quedé de piedra cuando dijo eso, porque acababa de comprar la antigua hacienda Yabar, ahora reducida a doce hectáreas (unos treinta acres), pero que una vez fue la sede de una finca mucho más grande de la poderosa familia Yabar, dueña de todo el territorio que incluía a la nación Q'ero y para quienes estos indios trabajaban. Cada mes bajaban de sus montañas para podar los árboles del propietario, un botánico loco que había importado tantas plantas florales exóticas que los lugareños llamaban a aquel lugar el *manicomio azul*.

¡Sin saberlo me había convertido en el dueño de una antigua plantación de esclavos! Entendí ahora por qué los indios de la hacienda me llevaron a la capilla en mi primer día en la propiedad y me sentaron en el altar mientras cantaban himnos cristianos y se arrodillaban a mi alrededor. Tuve que abrirme camino desde el altar para sentarme con ellos en el suelo y masticar las hojas de coca ceremoniales.

Había comprado la hacienda por muy poco dinero, ya que era un tiempo de inestabilidad política en Perú. Mi amigo Américo, descendiente del auténtico «Señor de Q'ero» me había convencido de comprar la hacienda y convertirla en un lugar donde pudieran reunirse los chamanes.

«Esto debe de ser karma», pensé. Pero ¿cómo lo sabía el anciano?

Los antiguos dueños de la hacienda habían hecho mucho daño. Tradicionalmente los q'ero llevaban el pelo largo, una característica que los distinguía como laikas, y el terrateniente les cortó sus largas trenzas. Los obligó a convertirse a la religión de los invasores y a renunciar a sus propios dioses.

Le pregunté a don Manuel qué tenía que hacer para enmendar las cosas, y él me respondió en quechua:

–*Llapanta saqesun k'anchaypa makinpi jayk'aqpas saqewasunchu.*

Dejemos todo en manos de la luz. ¡Nunca falla!

EL HOMBRE SALVAJE DE LA JUNGLA

El mito de Inkari aparece por primera vez en las aldeas q'ero. La leyenda dice que tras fundar el Imperio inca, Inkari y Collari salieron de Cusco y regresaron al Amazonas. Pero hicieron una parada en las aldeas de los q'ero, y el primer padre y la primera madre prometieron volver en el momento propicio. Los q'ero están situados en las tierras altas sobre la selva, y los aldeanos caminan habitualmente setenta kilómetros hasta la exuberante Amazonía para cosechar coca y otros alimentos.

El mito explica que los primeros padres abandonaron los edificios de piedra ornamentada de la ciudad de Cusco por la jungla salvaje y primigenia. Inkari no regresó al sol, porque no había perecido. Viajó a la verde selva, donde yacería esperando la llegada del momento adecuado para volver al mundo de los humanos.

Los q'ero recordaron esta promesa bordando la figura del «hombre salvaje de la jungla» en sus tejidos. Este ser es conocido como el *chuncho*, que representa al «primer ser» que habitó el mundo y que emergió del jardín amazónico. Aunque pueda parecernos contradictorio que el *chuncho* represente a los seres ancestrales y también la promesa de retorno de Inkari, para los habitantes andinos, que tienen una comprensión menos lineal del tiempo, esto no supone una contradicción. Para ellos el tiempo puede girar como una rueda, y el pasado volverá otra vez, aunque en una forma diferente pero claramente reconocible. Inkari regresará, tal vez ni siquiera de niño, sino como tú y yo.

El *chuncho* es una figura en forma de V. De ella emanan cuatro rayos que representan las cuatro esquinas de la Tierra. Es una marca de la casa real del inca, y los q'ero son el único pueblo de los Andes que utiliza este motivo en sus tejidos. El patrón no solo establece su ascendencia real; también sirve para recordar a todos los pueblos de los Andes el retorno de su padre fundador.

El regreso de Inkari también sirve para explicar la creencia de que volvemos a nacer, vida tras vida; unas veces somos negros, otras de piel oscura, blancos, indígenas americanos, europeos o africanos. Pero solo los chamanes que trazaron el territorio más allá de la muerte, los que conocían el territorio y las trampas en los reinos entre los mundos, fueron capaces de escoger el lugar de su nacimiento. Solo ellos pudieron nacer de nuevo en la tierra de los q'ero, un lugar prohibido donde crecía muy poca comida, en altitudes que dejarían sin aliento a un hombre corriente. Este era el nido de las águilas, donde podían llevar a una vida que no alteraran aquellos que preferían la comodidad de los palomares o la ciudad.

Y regresarían con una misión: preparar el regreso de Inkari.

CAPÍTULO 4

CREAR UN SUEÑO, CREAR UNA LEYENDA

Una manera de concebir el sueño sagrado es verlo como una historia que le da sentido y orientación a tu vida. Esa historia es como un mapa con rutas que pueden guiarte en una travesía épica hacia el destino que te mereces. Si el mapa te hace atravesar por un desierto reseco, puedes inventar una historia mejor que te lleve a través de un bosque umbrío o un huerto frutal.

En la senda del desierto nos apresuramos, espoleados por la arena caliente bajo nuestros pies. En la senda a través del bosque umbrío nos olvidamos a veces de nuestro destino. En cualquier camino que elijamos en la vida hay regalos y trampas. Pero hemos de ser capaces de escoger la historia que más nos conviene, y no siempre la senda trillada que eligieron por nosotros el destino, la sociedad o la casta.

Me encanta esa parte de *Alicia en el país de las maravillas* en la que la oruga le dice a Alicia: «¡Si no sabes a dónde vas, cualquier camino te llevará allí!». Esto es lo que sucede cuando no tienes tu propia historia: terminas con el mismo destino aburrido de todos los demás.

Un sueño sagrado siempre es más grande que tú y tiene un destino misterioso. Así que asegúrate de elegir un gran sueño, porque tu historia terminará llevándote a él.

Cuando trabajo con un cliente, le pido que escriba un cuento que comience por «Érase una vez...» y en el que haya un príncipe o una princesa, un guerrero o guerrera y un dragón. El psicólogo Carl Jung decía que el inconsciente habla a través de sueños y cuentos. Esta historia me ofrece una ventana a los mapas inconscientes de mi cliente y a los desafíos que encontrará mientras viaja por la ruta que marca su historia. A veces, la historia de mi cliente fallará en la prueba del destino. La historia es muy insignificante y el futuro que dibuja es demasiado cercano y limitado, o el mapa que proporciona está muy borroso y es difícil orientarse. Entonces sé que esta historia no es parte de un sueño sagrado y, con toda probabilidad, pronto se convertirá en una pesadilla, como sucedió en la historia que viene a continuación.

Conocí a Roger, un hombre de sesenta y tantos años, al poco tiempo de que se divorciara de su esposa tras un largo matrimonio. Roger era un próspero ingeniero y empresario que estaba buscando la siguiente aventura a la que podía conducirle la vida. Acudió a mí para que lo orientara, para tener una brújula y un mapa que le permitieran explorar creativamente el siguiente capítulo de su viaje.

Esto es lo que escribió:

> Érase una vez un joven príncipe que viajó por el campo hasta encontrar un castillo con una torre muy alta. Observó que en lo alto de la torre había una hermosa princesa a la que solo se le permitía salir una vez al día a la plataforma de la torre, que era su prisión. La princesa se enamoró inmediatamente del príncipe y este se propuso rescatarla. Pero el castillo estaba custodiado por un feroz dragón encadenado a la base de la torre. El príncipe llamó a su siervo fiel y le pidió que fuera al castillo y comprobara si el dragón era amistoso. Iba a medir la longitud de la cadena del dragón y la distancia al árbol alto más cercano. Cuando el siervo regresó, le informó que ciertamente el dragón era muy feroz y que la longitud de la cadena era de treinta pasos.
>
> El príncipe ordenó a su siervo asegurar una soga de treinta pasos de largo y atarla al tronco del árbol alto después de hacerle un lazo en un extremo. Luego tomó una bolsa de joyas de su padre y regresó al castillo para rescatar a la princesa. Colgó las joyas brillantes delante del dragón y, como todos sabemos, los dragones son

criaturas muy curiosas. La bestia cayó en la trampa y al acercarse a las brillantes joyas su cabeza quedó atrapada en el lazo. Una vez que se deshizo del dragón, el príncipe llamó a la princesa y le pidió que saltara de la torre. La agarró en sus brazos. Se sorprendió de que fuera ligera como una pluma. La ayudó a subirse a la parte posterior de su caballo y se dirigió al castillo de su padre. Este se alegró mucho de conocer a su futura nuera, organizó un matrimonio fabuloso y vivieron felices y comieron perdices en el castillo de su padre.

Cuando Roger leyó su historia, inmediatamente me llamaron la atención los regalos y las trampas que mencionaba.

Parecía tratarse de una historia de amor, y sin embargo, carecía de amor. El príncipe estaba más interesado en los detalles técnicos de cómo atrapar al dragón y rescatar a la princesa que en llegar a conocerla. Este enfoque no presagiaba nada bueno para su próxima relación. Y aunque es perfectamente válido que un joven quiera asegurarse de que su padre aprueba a su novia, un hombre maduro querría asegurarse de haber encontrado a la mujer con la que quería pasar el resto de su vida. Esta no tenía por qué contar con la aprobación de todos.

También has de asegurarte de ofrecerle tus joyas a tu amada, y de no gastarlo todo en rescatarla de la prisión. Le señalé a Roger que tendría que hacer una gran labor educativa con su nueva novia, que había estado encerrada durante la mejor parte de su vida. ¿De verdad creía que podía ser feliz con una mujer que se había pasado toda su juventud sin salir a la calle y que probablemente tenía muy pocas habilidades sociales?

Le pregunté cómo sabía el príncipe que la princesa quería salir de la torre. E incluso si quería escapar, ¿cómo podría saber si quería vivir con él para siempre, aunque estuviera agradecida por su rescate? Al final, las princesas suelen tener sus propias ideas, una cuestión que a veces pasan por alto los cuentos de hadas tradicionales.

La historia de Roger describía que iba de cabeza al fracaso. Ese sería un sueño de amor muy breve. Se convertiría rápidamente en una pesadilla, y lo dejaría sin saber quién era ni a dónde se dirigía en esa etapa de su vida.

EL MUNDO COMO LO SUEÑAS

El mundo físico surge de la Luz Primordial del *Ti* gracias al poder de los sueños. Esta enseñanza se está perdiendo, incluso en los Andes, donde muchos jóvenes indios están más conectados a sus móviles que a las tradiciones ancestrales. Algunos aldeanos todavía practican una entrega tradicional: una práctica del sueño que se realiza preparando ofrendas ornamentadas a base de semillas y granos de sus campos, decoradas con flores, caramelos y cuerdas de colores. Estos hermosos mandalas son para agradecerle a la tierra su generosidad o para pedir la curación de un aldeano o la fertilidad de sus rebaños. Los campesinos rezan durante horas, lanzando suavemente sus oraciones a un *kintu* de tres hojas de coca, invocando a los espíritus de las montañas y a los antepasados, y colocan sus ofrendas en un gran trozo de papel. En este paquete, llamado *despacho*, se disponen todos los elementos de la vida diaria. Objetos que representan los instrumentos musicales, utensilios de cocina, semillas que siembran en los campos e incluso símbolos de las nubes y el arcoíris se colocan en el paquete en el orden preciso. Es como volver a organizar el mundo haciendo prevalecer el orden sobre el caos. Luego se echa el paquete al fuego. La leyenda dice que mientras la ofrenda arde, el espíritu de las montañas y de la tierra viene a alimentarse de las oraciones de los campesinos.

En el paquete se coloca simbólicamente todo lo que es valioso para estos hombres y mujeres que habitan en lo alto de las montañas nevadas. Mientras que para muchos de los indios que viven en la ciudad o las tierras bajas el despacho es una forma de pedir ayuda o buena fortuna, para los q'ero sigue siendo una ofrenda, una entrega de todo lo bello y valioso. Solo se ofrecen los granos más finos, y todas las oraciones son de gratitud. Nadie pide nada para sí mismo en ningún momento de la ceremonia.

En el transcurso de muchos años viviendo y estudiando con los chamanes de los Andes he visto cientos de despachos. Al principio pensé que se trataba de un juego infantil que todos se habían puesto de acuerdo en jugar porque les resultaba divertido. No lograba entender que dos ancianos de la comunidad discutieran sobre dónde debía colocarse una flor, una hoja de coca o un montoncito de quinoa. Más tarde, me di cuenta de que era una forma de soñar con los ojos abiertos: estaban poniendo su mundo en orden, desterrando el caos e instalando la belleza en los pueblos y en sus vidas. El antropólogo que hay en mí lo identificó como un acto mágico, y toda gran magia, ya sea en un despacho de los q'ero o en la misa católica donde el vino y la oblea se convierten en sangre y cuerpo de Cristo, tiene una naturaleza simbólica. De niño había ido a misa lo suficiente como para sentir el momento misterioso en el que los elementos ordinarios del trigo y el vino se transforman en un sacramento sagrado. El sacerdote alzaba la hostia por encima de su cabeza durante la elevación, y la luz de Cristo penetraba en todos los congregados para celebrar la Eucaristía.

Tras unos años con las ceremonias de los q'ero, desarrollé un agudo sentido del misterio cuando las ofrendas se convertían en recreaciones de la historia de la creación en las que Inkari y Collari extraían orden del caos. Así es como había sucedido en el principio, desde el caos hasta el cosmos. Y estaba sucediendo de nuevo ante mis propios ojos. Excepto que no había sacerdote: todos oficiaban, y todos eran participantes. Y ni una sola flauta, montoncito de azúcar u hoja de coca podrían colocarse en ningún lugar a menos que todos estuvieran de acuerdo con el orden del mundo que estaban soñando y estableciendo en ese instante.

Más tarde, mientras el fuego consume el despacho, cuando la Pachamama y las montañas sagradas están festejando las oraciones de los aldeanos, se revela el sueño. Esto lo vi muchas veces cuando todos nos reuníamos de espaldas al fuego mientras se invocaba a los espíritus de la montaña y la Pachamama. De todos los presentes se apoderaba la sensación de que el mundo había resultado tal y como tenía que ser, y que todo estaba bien. Uníamos nuestras manos a la mano de lo divino para crear una belleza perfecta en nuestras vidas.

Una petición de ayuda, que suele ir acompañada del ritual u ofrenda prescritos para esa petición, es muy diferente de soñar el mundo y hacerlo realidad, una actividad en la que cocreamos con lo divino. Cuando pides ayuda, estás rogándole a una fuerza superior que intervenga. Cuando practicas el sueño sagrado, unes tu mano a la del Espíritu para crear.

Para hacer un despacho puedes preparar un bello mandala de semillas y flores, realizar un arreglo con piedras corrientes del suelo o sencillamente cerrar los ojos e invocar a las fuerzas de la naturaleza para que te revelen la realidad de una manera nueva y original. No suplicas ningún favor, no pides nada y ofreces gratitud. En la entrega das tu corazón y tu amor. Y luego, mientras vuelves a casa, ayudas a quien encuentres a lo largo del camino. Si alguien tiene hambre, le das de comer. Si necesita orientación, se la ofreces. Cuanto más practiques la entrega, más fuerza vital, belleza y abundancia fluirán a través de ti, hasta que te conviertas en un torrente imparable de belleza y sanación, y la Luz Primordial brille como el mismo sol a través de ti.

Sé que a muchos nos cuesta imaginar cómo es la entrega o qué se siente al realizarla. ¿Cómo la practico? ¿Hago una ofrenda de los granos y las semillas de mi despensa y la echo a la chimenea? En el caso de muchos de nosotros que no tenemos jardines ni cultivamos nuestra comida, se pierde el poder simbólico de la semilla y las flores. Simplemente estaríamos imitando una forma tradicional de los Andes y perdiéndonos su esencia, que es la práctica de soñar el mundo para hacerlo realidad. Otra manera de entender la entrega es pensar en no retener tu amor, tu sabiduría, tu perdón o tus bendiciones. Sea lo que sea que tengas miedo de perder, libéralo. No retengas nada.

Practicar la entrega te reconectará con la Luz Primordial y su generosidad ilimitada. Esto te permite escribir una nueva historia para tu vida con autenticidad y originalidad. Ya no eres como un corcho flotando en las olas, arrastrado por la corriente de tu cultura, tu sexo, tu color de piel o tu genética hacia un destino que no habrías escogido. No hace falta que utilices una forma tradicional como el despacho que se usa en los Andes o el mandala del Himalaya. Es importante que encuentres una forma que sea tuya y que puedas practicar. Sin una forma, esto es solo un ejercicio mental.

Te animo a que pruebes este sencillo ejercicio. Deja de leer un momento, ve a la cocina y busca un bote grande de sal. Vacía su contenido en un plato y aplástalo con los dedos hasta que el montón de sal se vuelva uniforme y plano. Toma un palillo de dientes y dibuja un círculo en el borde de la sal. Estás haciendo tu propio despacho. Coloca unos pétalos de flores en el lecho de sal y dibuja imágenes con el palillo de dientes, cualquier cosa que te inspire. Acompaña cada una con una oración de gratitud. Agradece todas las bendiciones de tu vida. Da gracias por todos los desafíos y pruebas que puedas estar atravesando en este momento. Pide que te sean reveladas sus lecciones y dones. Cuando hayas terminado con este ejercicio, puedes echar la sal y los pétalos a la bañera y disfrutar de un agradable baño caliente mientras te impregnas de tus propias oraciones.

También puedes realizar este ejercicio en la naturaleza, dibujar un círculo en el suelo, decorar tu despacho con hojas y piedras, y limpiarlo todo al final de tu meditación. Tenemos que darles forma a nuestras oraciones, volver a conectar con esa parte lúdica que crea a través del arte, como cuando éramos niños. Las facultades de la lógica y el razonamiento con las que pasamos tanto tiempo no responderán de la misma manera a la entrega. Estas facultades pueden firmar un cheque para una asociación benéfica o escribir una carta a un amigo necesitado. Pero para darle forma a un sueño sagrado tienes que crear algo con tus manos: un mandala, un poema, una comida.

Los chamanes colocan en el centro de su despacho un trozo de papel dorado y un trozo de papel plateado. Los llaman el libro de oro y el libro de plata. Según la tradición, todos nacemos con estos dos libros, uno en cada mano. Un libro ya está escrito con el destino que escogieron para ti tu familia y tu posición social: si tus padres sufrieron de cardiopatía u otros problemas de salud, tu destino será vivir y morir como ellos lo hicieron. Si naciste pobre, vivirás y morirás pobre.

El otro libro está en blanco, te invita a escribir tu propia historia original. Es cierto que todos tenemos que efectuar algunos cambios en el libro en el que está inscrito nuestro destino genético y psicológico, pero no debemos pasarnos la vida entera curando las heridas de la niñez ni nuestra mala salud crónica. Podemos tomar la pluma y convertirnos en narradores de una vida radiante de salud, repleta de sentido y alegría, en lugar de ser personajes de la vieja historia gastada que heredamos.

Comienza a escribir en el libro en blanco, comienza a soñar tu propio sueño sagrado. Para eso has nacido, para eso es para lo que hemos nacido todos. No basta con querer hacerlo, porque no puedes escribir tu nueva historia mientras vivas en una pesadilla de seguridad, de miedo a la muerte o de falta de amor. Cuando empieces a escribir el nuevo libro de tu vida, te abrirás a un mundo de abundancia. De lo contrario, solo escribirás otra historia en la que no hay suficiente amor, tiempo, salud o coraje.

CÓMO SE TERMINÓ OCULTANDO LA ENTREGA

Hace quinientos años, cuando el Imperio inca estaba en la cúspide de su gloria, los astrónomos imperiales observaron que los cielos presagiaban la llegada de unos hombres que codiciarían su oro y destruirían a su pueblo. El reino inca era el imperio más poderoso de las Américas, pero se había vuelto cada vez más belicoso. Gentes que durante siglos vivieron totalmente en paz comenzaron a codiciar la tierra de sus vecinos. Los incas tenían un ejército permanente –algo impensable en los días de Inkari–, bien entrenado y listo para acudir de inmediato a la batalla.

Por encima de los soldados había oficiales y por encima de estos, comandantes cuyos generales informaban al rey. La sociedad se volvió estratificada y jerárquica. Los hombres entrenados en el arte de matar se convirtieron en los nuevos héroes. Los *laika*, exploradores de los mundos visibles e invisibles, pasaron a ser ciudadanos de segunda clase. Los ejércitos estaban esquilmando las aldeas periféricas y la gente pagaba tributos hasta la extenuación. Para calmar su inquietud y evitar que se produjeran revueltas, las legiones incas debían participar continuamente en campañas militares. Y algunos de los *laika* habían empezado a abusar de sus conocimientos para acumular poder y riqueza a expensas de los demás.

Cuando el sueño colectivo de los incas comenzó a convertirse en una pesadilla en la que imperaban la violencia y la conquista, los *laika* decidieron ocultar la sabiduría que habían heredado. Escondieron su conocimiento de la Luz Primordial. Comprendieron que el mejor lugar para esconder una sabiduría como la suya era dejarla a la vista... en el futuro. Las llaves que podrían abrir los secretos del tiempo se encontraban en los *quipus*, los «nudos que hablan», formados con cuerdas coloreadas trenzadas de lana de llama. Los *quipus* eran círculos de hebras finas de lana trenzada de las que colgaban muchos hilos, y los nudos podían usarse para representar cifras, si eras contable, o historias, si eras un *laika*. Con esos utensilios mnemotécnicos los *laika* confeccionaron mapas del tesoro a base de nudos que solo podían «leer» los iniciados en el arte.

Los *laika* abandonaron sus hogares en el fértil valle de Cusco y huyeron a picos cubiertos de hielo a unos cinco mil metros de altitud. Desaparecieron de las plazas de la ciudad, y las festividades anuales de Inti Raymi, la fiesta del sol, pasaron a ser oficiadas por sacerdotes incas. Cambiaron sus ponchos rojos y negros con los emblemas de la casa real por sencillas prendas anodinas que no mostraban ninguna señal de su procedencia o categoría. Cuando se acercaban a los mercados de las tierras bajas, no revelaban la ubicación de sus aldeas en las alturas. Desde sus elevados y sagrados picos, fueron testigos de cómo los conquistadores devastaban el mundo que ellos habían ayudado a soñar y hacer realidad.

¿QUÉ ES VERDAD? ¿QUÉ ES REAL?

Cuando los *laika* huyeron a las montañas de los q'ero, el sueño sagrado fue olvidado. El experimento de Inkari había fracasado. Mientras tanto, la gente normal y corriente empezó a creer que sus sueños cotidianos eran reales, incluso cuando no eran verdaderos.

Los *laika* saben que el ensueño parece real, pero no lo es, y que solo el sueño sagrado es verdadero, incluso cuando parece totalmente irreal.

El vacío dejado por los *laika* lo llenaron los hechiceros, que convencían a la gente de que el sueño que estaban viviendo no solo era real, sino que era verdad. Pregonaban sus servicios a los crédulos, diciéndoles que solo los hechizos potentes podrían ayudar a sus familias, curar a sus enfermos o mejorar su suerte en la vida. Dado que los seres humanos somos supersticiosos por naturaleza, la gente empezó a creer que no podría llegar a decidir su propio destino, que necesitaba la ayuda de los hechiceros para que estos les encontraran un sueño mejor.

Cuando comenzamos a creer que no somos los autores de nuestras vidas, nos quedamos atrapados en el sueño. Ya no somos los directores de la obra; nos convertimos en personajes del escenario. Y nuestros sueños dejan de ser sagrados. Se vuelven insignificantes y personales. Ya no incluyen a otros ni a la naturaleza, ni siquiera a las estrellas de los cielos. Pasan a ser solo sobre nosotros. Todo gira en torno a uno mismo.

Cuando nos quedamos atrapados en un sueño, la realidad se vuelve fija e inmutable y deja de ser un relato fluido que se mantiene vivo con la narración alrededor del fuego. Los relatos se convierten en historia y los sueños se transforman lentamente en pesadillas porque no se renuevan al contarlos. Solo los hechiceros permanecen, vendiendo sus encantamientos e invocaciones a quienes los necesitan.

Cuando los *laika* partieron para las tierras altas, solo dejaron atrás a los curanderos, los herboristas y los componedores de huesos. No quedó ni un solo soñador. Las escuelas mistéricas que enseñaban la profunda sabiduría de la Luz Primordial desaparecieron. Únicamente persistieron las fórmulas más sencillas, en manos de los chamanes que continuaban con el trabajo cotidiano de cuidar a los enfermos y ayudar a los muertos a regresar al mundo del espíritu y las comadronas que asistían al parto de los hijos de las indias y de los españoles. Nadie recordaba cómo se leía el *quipus* mágico. Los hilos de color se habían vuelto silenciosos. Ya no hablaban de cuando el tiempo era joven y de la venida de las primeras plantas y animales.

Y pasaron cientos de años.

DON MANUEL Y COMPARTIR EL *AYNI*

Los *laika* sabían que los sueños sagrados y la capacidad de soñar y hacer realidad nuevamente el mundo serían necesarios en otro momento, cuando se dieran las circunstancias apropiadas.

Buscaron una señal que anunciara el amanecer de un nuevo sueño para su pueblo y para el mundo. Esto sucedió en 1950. El 21 de mayo de ese año un gigantesco terremoto golpeó la ciudad de Cusco y destruyó el monasterio dominico. Los dominicos habían sido los ejecutores de la Inquisición española y los autores intelectuales de la cruel persecución de los *laika*. Escondido en el interior del monasterio estaba el más sagrado de los santuarios incas, conocido como Koricancha, el templo de oro. El templo estaba oculto bajo el monasterio que ahora yacía en ruinas. Los incas edificaron sus estructuras con paredes en voladizo que las hacían a prueba de terremotos. Los dominicos construyeron su monasterio como construían sus casas en Barcelona, con muros verticales que no pudieron resistir un temblor como el que asoló la ciudad.

Los arqueólogos llevaban doscientos años buscando ese templo y ahí estaba, escondido en el vientre del monasterio dominico. Para los *laika*, ese fue el momento en que el mundo comenzó a corregirse. El templo inca más sagrado, perdido durante quinientos años, emergió de las cenizas del templo de los inquisidores.

Los *laika* descendieron de sus nidos de águila para marcar el comienzo de la era en que el mundo volvería a corregir su rumbo una vez más. El secreto de la Luz Primordial y el arte de soñar el mundo y hacerlo realidad podrían salir a la luz, como un pájaro liberado de su jaula.

En junio de 1950, el linaje perdido de los *laika* apareció en la montaña sagrada de Ausangate. Durante la fiesta anual de la Estrella de la Nieve, decenas de miles de penitentes se reúnen para orar y recibir la primera luz de las Pléyades, que se considera la luz sagrada del *Ti*. En junio los *laika* suben a la cima del glaciar, a siete mil metros, y esculpen un trozo de hielo para capturar la primera luz de estas estrellas a medida que se elevan por encima del ecuador. Esta luz es lo que más se aproxima a la Luz Primordial, porque viene de un sol distante que los *laika* identifican con su hogar primigenio.

Cuenta la leyenda que cuando los *laika* aparecieron vistiendo sus ponchos con los signos de la casa real de Inkari, se abrió un pasillo entre la multitud reunida y los chamanes más ancianos les dijeron: «Bienvenidos, hermanos y hermanas. Os hemos estado esperando durante cinco siglos».

El último *laika*

Cuando conocí a don Manuel, ya había perdido la mayoría de sus dientes delanteros. Tenía sesenta años, si no le fallaba la memoria.

Al poco de conocernos, me ofrecí a pagarle una prótesis dental. Se puso furioso porque tuvieron que sacarle los dientes delanteros que le quedaban para sujetar los nuevos. Fue un proceso doloroso ya que los dentistas de los Andes no eran los más diestros.

No mucho después, me pidió que llevara a un pequeño grupo de mis estudiantes a una expedición al monte Ausangate. Íbamos a participar en un rito que invoca un sueño sagrado para el futuro y las más elevadas posibilidades para el tiempo venidero. Los *laika* entienden que el destino de los seres humanos corre mano a mano con el de la Tierra, y que somos parte de una red luminosa que engloba a toda la creación. Según me dijo, íbamos a invocar un futuro sostenible para el planeta Tierra.

Don Manuel me explicó que mientras la mayoría de nosotros solo buscamos mejorar nuestra suerte en la vida, a los *laika* se les había encomendado soñar el bienestar de todas las criaturas y de la Tierra misma. Viajaríamos hacia el futuro después de la gran conmoción a la que la humanidad estaba a punto de enfrentarse. Lo que descubriéramos podría cambiar y mejorar nuestras vidas y el destino de la humanidad.

Me alegró aceptar la invitación. Sabía que los indios necesitaban desesperadamente un nuevo sueño porque no participaban en el sueño occidental del progreso. La mayoría de los pueblos andinos siguen viviendo en la pobreza, con pocas esperanzas de salir del ciclo que los mantiene en la indigencia, pese a que los hijos de los conquistadores prosperan. Un nuevo sueño también sería bueno para los occidentales que habíamos agotado el viejo sueño de violar y saquear la tierra en nuestro beneficio exclusivo.

Un chamán puede realizar una recuperación del alma, viajando con los ojos de la mente a lo largo de la línea de tiempo de una persona hasta su pasado para descubrir un acontecimiento traumático que la hizo desviarse de su destino. El pasado ofrece tres coordenadas de espacio y una de tiempo por las que viajar. Los chamanes saben que no es difícil revisitar el pasado porque está grabado en l[illegible] colectiva de la humanidad. [illegible] falta una gran habilidad, [illegible] lternativos y solo una di- [illegible] de tiempo por la que se puede transitar. Al viajar por alguna de las numerosas líneas de destino disponibles, no eres un mero turista; también le estás dando energía, potenciando y ayudando a elegirlo. Encontrarle a alguien un futuro deseable en la red interconectada de innumerables destinos posibles es un arte. El chamán puede ayudar a un paciente a elegir un estado futuro en el que esté curado o alterar el destino de un pueblo entero al cambiar el futuro de uno de sus miembros.

Don Manuel me propuso que hiciéramos un viaje para visitar el futuro en beneficio de todos los seres humanos, de todas las naciones. No tenía ni idea de cómo íbamos a hacerlo, pero de alguna manera profunda e inexplicable entendía que mi grupo y yo formábamos también parte de una antigua profecía. Imaginar las posibilidades me producía una sensación de vértigo. Eran, literalmente, ilimitadas.

No tenía ni idea de que las aves que los viejos *laika* se disponían a liberar de la jaula éramos mi grupo y yo. Nos convertiríamos en los soñadores de una nueva era para nosotros mismos, nuestros seres queridos y el «hombre blanco».

Llegamos a nuestro campamento junto a la laguna Azul, en el monte Ausangate, a casi cinco mil metros de altitud. Le agradecí a don Manuel que nos hubiera invitado a asistir a esa ceremonia. Era un gran privilegio que hubiera confiado en mí para llevar a nuestro grupo a reunirse con los sesenta chamanes que se habían congregado para esa ocasión. Sonrió mientras me explicaba que no nos había invitado por nuestros grandes logros espirituales. Para que esa ceremonia fuera verdaderamente universal necesitaba tener a los conquistadores por medio de una representación del hombre blanco.

¡Vaya! Y yo que le había dicho a mi grupo que nos habían invitado por ser unos estudiantes tan diligentes y aplicados...

No podía creer lo que estaba oyendo.

Pero eso no era más que el principio.

Don Manuel señaló a la cercana laguna, un estanque poco profundo de no más de tres metros de hondo, donde se podía ver el azul del glaciar de la parte inferior.

–Es costumbre que uno de los líderes salte al agua helada y bese el glaciar –dijo, mirándome.

–Solo soy un antropólogo–protesté. Era tarde, estábamos cerca de la cota de nieve* y podía sentir el incipiente frío de la noche.

Los demás indios del grupo asintieron con un movimiento de cabeza y bajaron la vista para respetar mi intimidad mientras me despojaba de mis pantalones cortos. Con la piel de gallina, caminé hasta una roca que sobresalía de la laguna. Tomé tres respiraciones profundas y me lancé. Me golpeó el agua y mi aliento salió expelido del pecho. Tenía la piel ardiendo y el corazón acelerado mientras el impulso de mi inmersión me llevaba hasta el fondo. Besé el glaciar, y luego empecé a ascender a cámara lenta. Asomé la cabeza y, tomando un sorbo de aire gélido, nadé al estilo perrito hasta la orilla. Una docena de brazos me ayudaron a salir del agua y otros me secaron con una toalla. Todo el mundo sonreía

* N. del T.: Altura respecto al nivel del mar a partir de la cual la nieve cuaja.

y hablaba con entusiasmo. Parecía que había pasado algún tipo de prueba.

Más tarde, esa misma noche, le pregunté a don Manuel cómo fue su experiencia cuando tuvo que sumergirse en la laguna. «Nadie entra nunca en la laguna de la Jaguar. Puede uno morirse de frío», dijo. Debí de parecer desconcertado. Él sonrió abiertamente, mostrándome una sonrisa impecable.

Al día siguiente nos preparamos para la ceremonia del Tiempo por Venir. Don Manuel y los demás dispusieron los ingredientes para ofrendar un despacho a la Pachamama. Algunos habían traído semillas, otros flores, chocolate, hilos de colores o bolitas de algodón que representarían las nubes en el mandala que estábamos a punto de preparar.

Un jinete se me acercó y me preguntó si él y sus amigos podían unirse a la ceremonia, y yo le pregunté a don Manuel.

–No –respondió.

–¿Por qué? –le pregunté. Después de todo, también eran indios.

–No son incas. Son peruanos –explicó.

Don Manuel distinguía entre los peruanos, que iban a la iglesia, y los incas, que oraban en la naturaleza. Además, también distinguía entre los *laika*, que eran maestros, y los chamanes, que eran sanadores expertos pero habían olvidado en gran parte la sabiduría antigua de la Luz Primordial.

Oramos durante horas, haciendo ofrendas a la Madre Tierra, a las montañas sagradas y ancestrales y al linaje de los *laika*. Y recibimos los ritos que nos anclarían al futuro, cuando la Tierra comience su regreso a la armonía.*

Don Manuel se encargó de explicar que el Pachakuti –la gran conmoción– significa el fin del mundo humano tal como lo conocemos, no el fin de la Tierra. Lo que terminará es el consumismo y la economía insostenible que hemos construido. La contaminación, el uso codicioso de los recursos, el armamento. El mundo es claramente humano, y nuestra especie está envenenando a la madre que nos da la vida. Este rito nos anclaría a un tiempo después de la gran rectificación, para que pudiéramos tener un nuevo sueño sobre la buena relación con la Tierra y con todas las criaturas.

Al final de nuestra estancia en la montaña sagrada, don Manuel me dio su bendición. Me explicó que anteriormente habíamos estado juntos muchas veces en esas montañas, que la calidez que sentíamos el uno hacia el otro era el reconocimiento de una vieja amistad. Prosiguió diciendo que todos vivimos muchas vidas, que hemos estado juntos antes en muchas tierras. Ahora los *laika* estaban regresando como personas de todas las razas para ayudar a traer la sanación al planeta. Luego tocó

* En www.TheFourWinds.com encontrarás un documental sobre esta ceremonia.

mi frente con la suya y me golpeó en la cabeza con su altar, la colección de piedras con las que rezan los *laika*.

Separó su frente de la mía y me miró a los ojos, y sentí que estaba mirando a los ojos de un viejo amigo.

A mi regreso a casa desde la montaña sagrada, fue como si, sin darme cuenta, hubiera entrado en un tornado. Toda mi vida se puso patas arriba. Descubrí que muchos aspectos de mi vida, de mis relaciones y de mi trabajo eran una verdadera pesadilla. Todo lo que carecía de integridad se estaba yendo por la borda, incluido mi matrimonio.

Tuve que despertar de las pesadillas de la seguridad, la muerte y el amor. Tuve que encontrar la manera de soñar un nuevo sueño.

CAPÍTULO 5

DESPERTAR DE UN MAL SUEÑO

Pasamos los primeros nueve meses de nuestra vida soñando en el vientre materno. Luego pasamos muchos años entrando y saliendo de una larga siesta o de un sueño aparentemente infinito cuando somos adolescentes. Si el embarazo de nuestra madre fue bien, si tuvo una pareja que la hizo sentir segura y amada, tendremos buenos sueños. Pero muchos nacimos en familias que no se sentían seguras. A consecuencia de esto, crecimos en un hogar de pesadilla del que aparentemente no había salida.

La psicología occidental señala la importancia de reconciliarnos con nuestra niñez y nuestra familia de origen. ¿Cómo perdonamos a un padre abusivo o comprendemos a una madre alcohólica? ¿Cómo convertir la pesadilla de una niñez desgraciada en lecciones valiosas? La psicología chamánica es diferente. Se pregunta por qué escogiste esa familia para nacer y qué lecciones viniste a aprender de tus padres. Y entiendes que aunque los acontecimientos de tu niñez fueron absoluta y dolorosamente verdaderos, no tienen por qué haberlo sido, por lo menos no de la manera en que tú los recuerdas. Los chamanes te explicarían que no hay accidentes, que debes practicar la gratitud por las grandes (y a menudo dolorosas) lecciones que se te ofrecieron y que realmente no deberías haber nacido en la casa de tu mejor amigo, ese que tenía tan buenos padres. Las águilas, dirían, no nacen en nidos de serpientes.

Los *laika* entendían que los sueños que soñamos despiertos, como los recuerdos que tenemos sobre nuestra niñez, son reales pero no son *verdad*. Son una pesadilla.

Los sueños que tenemos con los ojos abiertos no son tan vibrantes y cautivadores como los que tenemos en nuestro sueño. Es más, es tan difícil despertar y transformar el sueño de nuestro pasado que soñamos despiertos como lo es despertar de un sueño cuando estamos dormidos.

Sin embargo, se puede hacer. Y hay que hacerlo si el sueño que estás viviendo ya no es adecuado para ti y quieres cambiarlo por uno mejor. De la misma manera que una madre sacude a su hijo para despertarlo de una pesadilla, diciéndole que solo es un mal sueño, podemos aprender a despertar y transformar tanto el sueño como la pesadilla lúcida en algo mejor.

Piensa en lo rápidamente que puede cambiar un sueño nocturno, cómo en un momento puedes estar en la playa y al siguiente estás caminando por una pradera verde en las montañas. Tenemos la capacidad de cambiar los sueños de nuestra vigilia con la misma rapidez, pero solo cuando comprendemos que no son más verdaderos que los sueños que tenemos mientras dormimos. Sé que te estoy pidiendo que aceptes y asimiles una realidad alternativa que cuesta digerir. Después de todo, si es tan fácil, ¿cómo es que no podemos cambiar la guerra en Oriente Medio ni la violencia en nuestros propios países con solo soñar de otra forma? La respuesta es que podemos hacerlo, pero es necesario que una cantidad suficiente de personas sostenga el nuevo sueño de la paz.

Sabemos cómo despertar y transformar el sueño.

Si no estás dispuesto a cambiar el sueño, porque requiera un esfuerzo excesivo, sea muy incómodo o parezca extremadamente difícil o costoso, necesitas un arreglo rápido. Cuando esto les sucedió a los incas, los hechiceros se volvieron poderosos. Para el pueblo lo más fácil era acudir a ellos para mejorar su suerte. Aún puedes verlos hoy en día, vendiendo en el mercado fórmulas para el éxito, encantamientos para volverse rico de la noche a la mañana, hechizos para conseguir el amor deseado.

Para despertar y transformar el sueño primero tienes que encontrarte en el sueño.

¿Te has dado cuenta de cómo en tu sueño sueñas con personas y lugares, pero nunca te ves? Nunca ves tus manos, tus pies ni tu cara. Percibes con gran detalle todo lo que hay a tu alrededor, y en alguna ocasión puedes darte cuenta de que estás soñando.

En nuestro sueño de vigilia es lo mismo. Salimos de la cama por la mañana, nos miramos en el espejo, tal vez nos maquillemos o nos afeitemos y luego salimos corriendo a tratar con la gente y a enfrentarnos a la vida. Solo nos vemos a nosotros mismos a través de los ojos de los demás, por medio de sus reacciones a nuestras palabras y la aprobación o desaprobación que muestra su lenguaje corporal. Pero nunca nos detenemos a encontrarnos a nosotros mismos. Ni siquiera nos damos cuenta de nuestra sombra, que nos sigue a dondequiera que vamos.

Tenemos que mirarnos a un espejo limpio que nos muestre un reflejo verdadero de quienes somos para poder encontrarnos dentro del sueño. De ese modo podremos despertar y descubrir el sueño sagrado que aporta un mayor significado a nuestras vidas.

Para descubrir quién eres realmente y encontrar tu sueño sagrado, necesitas transformar los tres ensueños infectos que han debilitado nuestra determinación y nuestro espíritu a lo largo de la historia: el sueño de la seguridad, el sueño de la permanencia y el sueño del amor que es incondicional.

EL SUEÑO DE LA SEGURIDAD

Buscar la seguridad y estar a salvo es nuestro instinto más primitivo e innato. Nos prepara para luchar o huir de lo que percibimos como una amenaza. Cuando nuestra seguridad se ve amenazada, ya no pensamos cuidadosamente en lo que puede ser el mejor curso de acción. Como una criatura arrinconada, atacamos física o emocionalmente, o corremos y nos escondemos, cerrándonos; ya no estamos disponibles para dialogar sobre lo que nos hace sentir incómodos. Y cuando no podemos correr o luchar, nos quedamos paralizados. Enterramos la cabeza en la arena y esperamos que de alguna manera desaparezca la amenaza.

Cuando no somos capaces de transformar el sueño de la seguridad, el mundo es un lugar peligroso y tenemos la necesidad de estar en guardia –física o emocionalmente– en todo momento. No reconocemos las oportunidades porque las consideramos demasiado arriesgadas y buscamos seguridad por encima de la novedad y la exploración. Por otro lado, en nuestros intentos fallidos de transformar este sueño, podemos llegar a ser excesivamente confiados y crédulos y atraer a quienes nos ven como presas fáciles y se aprovechan de nosotros. Cuando no logramos despertar del sueño de la falsa seguridad, permanecemos demasiado tiempo en una relación o trabajo que debimos haber dejado hace mucho porque la familiaridad nos ofrece la ilusión de estar seguros. Y seguimos tolerando los comportamientos abusivos de otros y nuestros propios hábitos destructivos.

Todos los animales tienen un instinto de lucha o huida, pero tu sensación de seguridad es personal e individual. Viene determinada por la seguridad que sentía tu madre cuando te llevaba en su vientre. No es algo psicológico que se pueda restablecer en el diván del terapeuta. Es químico; está programado en el cerebro. Esta es la maldición generacional que se transmite de madre a hijo en los primeros meses de vida.

Tras nacer pasarás gran parte de tu vida tratando de averiguar de dónde vienes, quién eres y a dónde vas, observando el reflejo en el espejo de tu familia de origen. Y aunque el rostro que ves en ese espejo sea eminentemente real, no es la verdad o al menos no es toda la verdad. Porque quién eres, de dónde has venido y a dónde vas supera con mucho a la imagen que descubrirás en el espejo de tu familia. Eso se debe a que este espejo está enturbiado por el miedo, por la necesidad de seguridad. El viejo refrán lo expresa bien: «Más vale malo conocido que bueno por conocer».

¿Dónde se está seguro?

Le pregunté a don Manuel por las profecías que hablan de un tiempo de gran agitación en el mundo. Según la leyenda inca, esto es parte de un ciclo de renovación y destrucción que sucede aproximadamente cada quinientos años. Se trata de una profecía aterradora y esperanzadora al mismo tiempo que anuncia la destrucción y la renovación del mundo. El último Pachakuti, como se conocen estos cataclismos, ocurrió en 1531 con la llegada a Perú del conquistador Pizarro y el comienzo del fin del Imperio inca.

Don Manuel me explicó que estamos en medio de otro cataclismo de este tipo, un tiempo de gran peligro para toda la humanidad. Ya ha comenzado; podemos ver los signos del colapso a nuestro alrededor, desde el clima hasta la economía, pasando por las ciudades y los lugares de trabajo tóxicos.

–¿Dónde puede uno estar seguro? –le pregunté.

–No hay ningún lugar seguro –respondió–. Pero habrá gente que esté segura, que creará seguridad a su alrededor sencillamente con su luz. Nuestra madre, la Tierra, quiere que sus hijos estén bien, que estén a salvo... y te cuidará si tú la has cuidado.

Yo no entendía.

–¿Cómo puede la Tierra mantenerme a salvo? –le pregunté al anciano.

–De la misma manera que puede matarte con una tormenta o un terremoto, o impedir que se queme tu hogar cuando un incendio forestal ha arrasado todas las casas a su alrededor –contestó–. Cuando entiendes que tu seguridad ya no depende de los demás ni de circunstancias externas, de comunidades cerradas, de ejércitos ni de votos eternos de amor o amistad, y puedes transformar el sueño de la seguridad.

EL SUEÑO DE LA PERMANENCIA

¿Recuerdas cuando por primera vez te diste cuenta de que algún día morirías? ¿Te quedaste despierto por la noche preguntándote qué ocurriría luego? Recuerdo que cuando era niño en la iglesia me enseñaron que si tus padres se divorciaban, no se les permitiría entrar en el cielo. Me preocupaba que a mi padre le prohibieran la entrada en el paraíso eterno. Lo más probable es que fuera al infierno porque cuando se casó con mi madre estaba divorciado. Y me pregunté qué me pasaría a mí cuando muriera, puesto que era hijo de un matrimonio ilegítimo a los ojos de la Iglesia. ¿Dónde acabarían esos niños?

A todos nos llega el momento en que nos hacemos conscientes por primera vez de nuestra mortalidad y de que la muerte está siempre a nuestro lado.

Cuando conocí a don Manuel, él ya era un viejo, al menos desde la perspectiva de mis treinta años. Sin embargo, insistió en ayudarme a montar el campamento cuando fuimos a las montañas, lo que incluía cargar pesados bultos de equipaje. Cada vez que trataba de ayudarlo, me apartaba y me decía burlonamente que aquello no era trabajo para un «chico blanco educado» como yo.

–Pero quiero que dures mucho tiempo –protesté una vez mientras trataba de quitarle una bolsa pesada que se había echado a los hombros.

–Pues yo no –respondió–. Estoy listo para morir hoy, ahora mismo. No me arrepiento, solo siento gratitud. Tú, en cambio, crees que tienes los próximos cincuenta años para terminar lo que has venido a hacer aquí, por eso quieres que todo dure mucho tiempo. Lo bueno de mi vida es que sé quién seré después de abandonarla, mientras que tú no tienes ni la más ligera idea de quién eres.

El anciano agachó la cabeza, indicándome que debía apartarme para dejarlo continuar con su tarea.

El sueño de la permanencia nos ofrece la ilusión de ser inmortales. La muerte solo les sobreviene a otros: a alguien viejo y enfermo, que nunca llegaremos a ser. Disfrutamos de nuestra sensación juvenil de inmortalidad e invulnerabilidad hasta que el sueño se convierte en una pesadilla, las arrugas son innegables y nos damos cuenta de que nos hemos estado engañando. La vida puede terminar en cualquier instante, porque este estado de ser no es permanente... y el envejecimiento, la enfermedad y la muerte están garantizados.

Cuando *transformamos* el sueño de permanencia, como hizo don Manuel, descubrimos que hay vida en la muerte y muerte en la vida. Nos damos cuenta de que hay algo más que nacer, crecer y envejecer, todo de modo lineal: los aproximadamente setenta años que esperamos vivir. La realidad es que nacemos y volvemos a nacer, y en nuestro sueño sagrado viajamos por el río del tiempo al futuro para crear un nuevo mundo.

Descubrimos el infinito. Pero no tienes por qué creer lo que te digo. Prueba el ejercicio de la página 166, en el capítulo siete.

EL SUEÑO DEL AMOR QUE ES INCONDICIONAL

–Sé que te gusta el cerebro –me dijo don Manuel. Estábamos sentados alrededor del fuego en el Templo de la Tierra en Moray. El sol acababa de ponerse, nuestro campamento estaba levantado y el termómetro se desplomó como lo hace a gran altitud.

–Pues sí, me gusta mi cerebro –le contesté. El anciano sabía que yo tenía un pequeño laboratorio en el centro de investigación cerebral de la Universidad Estatal de San Francisco.

–No es en el cerebro donde hay que mirar –dijo–. Sino en el corazón. El cerebro te meterá en problemas nueve de cada diez veces, mientras que el corazón siempre te conducirá a la verdad. El alma está en el *corazón*, no en la cabeza. Sé que has sostenido un cerebro en la palma de tu mano –continuó el anciano–. Pero ¿alguna vez has sostenido un corazón palpitante? Sigue latiendo, incluso cuando lo sacas del cuerpo.

–¿Cómo lo sabes? –le pregunté.

–Por los pollos –contestó.

–Me refiero a que el alma está en el corazón –le dije.

–Cuando el alma descansa en el corazón, amas de manera incondicional, sin los «si...» con los que regateas tu amor. El cerebro está bien para desenvolverse por la vida, pero no te lleva a tu destino.

Al poco tiempo de nacer aprendemos que si nos comportamos de cierta manera, conseguiremos una sonrisa amorosa de nuestra madre, así que seguimos haciendo lo que nos brinda esas sonrisas. Por el contrario, si tiramos la comida al suelo, como hacen los bebés, o nos portamos «mal» –por ejemplo, tener un berrinche en el supermercado–, recibimos un ceño fruncido o una reprimenda. Hasta el más pequeño de los bebés puede interpretar el tono de la voz de su madre. Aprendemos que la aprobación significa que nos aman y que la desaprobación significa que no nos aman.

Como somos pequeños y dependemos por completo de los adultos, empezamos a creer que nuestra propia supervivencia está en juego si no nos ajustamos a los comportamientos que traen la aprobación y una sonrisa amorosa.

Cuando asociamos el amor con la aprobación, haremos casi cualquier cosa para conseguirla. Para ganar el amor y la aprobación de aquellos que admiramos o nos atraen haremos cosas en las que no creemos y traicionaremos nuestros valores y nuestro ser de una manera que luego nos parecerá despreciable.

Los psicólogos explican que cuando éramos bebés y nos dejaban llorar, ignorándonos («Es solo un berrinche. Déjalo que llore»), nos sentíamos como si nos estuvieran torturando.[2] Si nos dejaron una y otra vez con esa angustia, aprendimos que no podíamos confiar en nosotros mismos ni en los demás. Con el tiempo, empezamos a creer que las personas que amábamos eran las que más podían herirnos. De adultos nos preguntamos: «¿Por qué tiene que doler tanto el amor?».

Algunos confundimos el amor con el sexo o con someternos a la voluntad o a las intenciones de otro. O creemos que recibir regalos materiales de alguien significa que nos ama. Por eso buscamos a alguien que nos quiera sin una lista de condiciones que debamos satisfacer, sin pagar un precio terrible por su afecto.

Cuando despertamos del sueño de amor que es incondicional y lo transformamos, descubrimos que el amor es lo que somos, no lo que sentimos. Tenemos amor incondicional. Ya no necesitamos a nadie a quien amar o a través de quien experimentar el amor, porque nos convertimos en amor.

Nuestro sueño de realidad se forja con estas tres necesidades humanas fundamentales: seguridad, muerte y amor. Todos queremos vivir para siempre, seguros y a salvo, amados incondicionalmente, sin envejecer ni tener que enfrentarnos nunca a nuestra mortalidad. Tratamos de impedir de diversas maneras que los sueños que soñamos con los ojos abiertos se transformen en pesadillas: a veces creativas; a veces, al volver la vista atrás, cómicas. Inevitablemente, nos enfrentamos con tener que admitir que estos sueños han caducado. Y es entonces cuando nos abrimos a la posibilidad de un nuevo sueño: el sueño sagrado que al principio podría no parecernos real, pero es absolutamente cierto.

CAPÍTULO 6

TRANSFORMAR EL SUEÑO DE LA SEGURIDAD: DESCUBRIR EL YO SOY

Antes de vivir en ciudades nos sentíamos seguros y a salvo alrededor de la hoguera de la aldea. Las llamas oscilantes nos guardaban de la oscuridad y mantenían lejos a las fieras. Durante siglos las llamas de la hoguera fueron la única luz que conocíamos tras el anochecer, e incluso hoy en día sentimos placer al sentarnos junto a una chimenea o ante unas velas durante la cena. Para los chamanes el fuego no era solo para cocinar y mantenernos calientes; era la presencia viva de la Luz Primordial del universo. La luz del sol y de las estrellas que había sido capturada por las hojas de un árbol volvía a liberarse cuando la leña se echaba en el fuego. La luz nos proporcionaba una sensación profunda de seguridad al disipar las sombras en las que habitaban nuestros miedos.

La luz del fuego aliviaba tu hambre aunque te gruñera el estómago. Aliviaba tu soledad aunque estuvieras solo. Te sentías acompañado por tus antepasados y podías sentir la tenue presencia de generaciones futuras. Las llamas calmaban tu miedo aunque supieras que había fuerzas misteriosas y poderosas acechándote en el bosque, y las ascuas hacían desaparecer tu melancolía al recordarte la generosidad de la Luz Primordial.

ENCONTRAR TU FUEGO INTERNO

Yo soy/estoy.*

Estas son las dos palabras más poderosas de nuestra lengua. Las palabras que colocamos a continuación de estas configuran nuestra realidad durante todo el día, y a veces durante el resto de nuestra vida. Hay cuatro adjetivos que nos mantienen dormidos en el sueño de la seguridad: *hambriento*, *asustado*, *enfadado*, *solo*.

Cuando las palabras que colocas tras «soy/estoy» son *hambriento*, *asustado*, *enfadado* y *solo*, pasas el resto de tus días tratando de llenar el vacío que representan.

Estas son las cuatro emociones que has de purgar para transformar el sueño de la seguridad. Hambre (no tener suficiente), miedo, ira y soledad. Estas emociones acechan en las regiones ancestrales de tu psique, son vestigios del tiempo en que vivimos hacinados en

* N. del T.: *I am* en inglés. El verbo *to be*, según el contexto, se puede traducir como 'ser' o como 'estar'.

cavernas oscuras con depredadores reales e imaginarios en el exterior. Estas emociones retorcerán tu sueño de la seguridad hasta convertirlo en una pesadilla.

Tras años de psicoterapia aprendí que tenía que esforzarme mucho en lo que «no soy/estoy». Cuando no esté hambriento, ni asustado, ni enfadado, cuando no viva al día ni solo, es cuando me sentiré seguro y a salvo. Tendré suficiente. Los demás no me atacarán física ni emocionalmente. Me amarán y apreciarán.

Puedes pasar años dando vueltas alrededor de los cuatro elementos de esta lista, trabajando en tu ira o descubriendo la abundancia para sentirte seguro y a salvo. Cuando alcanzas una meta, los beneficios que promete se desvanecen rápidamente y vuelves a preocuparte y a planificar para enmendar la siguiente emoción (quizá tu miedo) que crees que está obstaculizando tu felicidad.

Los chamanes van en busca de una visión para transformar el sueño de la seguridad. Ayunan para enfrentarse a su hambre. Se quedan solos en medio del desierto o de la selva durante días para enfrentarse a su soledad y su miedo. Y cuando se encuentran cara a cara con estas emociones, descubren que aunque parecen completamente reales, de hecho no lo son.

La clave para liberarse del sueño de la seguridad en el que tal vez estés atrapado es descubrir que aunque parezca totalmente real, no es inherentemente cierto. Cada una de estas emociones conlleva una falsa promesa de libertad o seguridad o es una excusa para justificar tus defectos, una vez que puedas superarlas.

Si sientes hambre (escasez), miedo, enojo o soledad, pregúntate: «¿Qué estoy consiguiendo al aferrarme a esta manera de pensar y sentir?». Una vez que descubras el beneficio que estás recibiendo, te será más fácil desprenderte del viejo sueño. Por ejemplo, durante muchos años me sentí solo, aun en compañía de mis amigos. Incluso cuando estaba con un ser querido, a menudo me sentía triste porque en realidad no me «comprendían». Un día descubrí que me aferraba a esa emoción porque me permitía sentirme especial. Yo era diferente. Incluso si eso significaba vivir en un mundo con una sola persona en él: yo.

Así que decidí transformar mi soledad. Una mañana comprendí que no podía salir del pozo que había cavado yo mismo.

El primer paso es hacerse la pregunta: «¿Quién soy?».

Después de descubrir que no puedes ser definido por tu nombre, tu nacionalidad o tu sexo –que todo eso es real pero no intrínsecamente verdadero–, empiezas a aceptar la posibilidad de que lo que creías que era tu identidad sea solo un sueño.

Lo que descubrí fue que «estoy solo» no es cierto.

Tras descubrir que no hay ningún sustantivo, ningún modificador ni ninguna descripción que pueda completar el «yo soy ______», te conformas con el «yo soy». Y el sueño de la seguridad comenzará a desentrañarse.

YO SOY es el antiguo nombre de Dios.

Un día estábamos sentados en el viejo Café Excelsior, en la plaza principal de Cusco. El camarero nos acababa de traer el café, americano para don Manuel, expreso para mí. Habíamos estado hablando del conflicto de siglos entre el hombre blanco y el indio. Don Manuel parecía aceptar mucho más fácilmente que yo la violación, el saqueo y el pillaje que habían realizado los conquistadores.

–Cuando era joven sentía rabia –dijo el viejo *laika*–. Pero ahora me alegro de la llegada de los conquistadores. Nos despertaron de nuestro letargo. Estábamos dormidos. Los incas creían que su abundancia y su imperio durarían para siempre. La gente dejó de importarles. El sueño de *Tawantinsuyo*, el Imperio de las Cuatro Direcciones, se convirtió en una pesadilla. No culpes a los españoles; tuvimos tanta culpa como cualquier otro. Y cuando lo inevitable se hizo evidente, los gobernantes pidieron a los sacerdotes que lanzaran sus hechizos mágicos y sacrificaran crías de llamas y niños pequeños.

–Me parece despreciable, si quieres saber mi opinión –dije. Alcancé el azúcar, coloqué un terrón marrón en la punta de la cuchara y vi cómo se disolvía lentamente en mi café.

–Sientes rabia –dijo don Manuel.

–Naturalmente que la siento. Entre la Inquisición y los conquistadores, todos vuestros antepasados fueron perseguidos, torturados o esclavizados.

–Sientes rabia –repitió–. Estás usando la tragedia de nuestro pueblo para sentirte moralmente superior por tus sentimientos. Por favor, no uses la memoria de mi pueblo para alimentar la ira dentro de ti. Esa es tu pesadilla, no la mía.

Me quedé sorprendido y avergonzado al mismo tiempo. Don Manuel tenía razón. Estaba usando a su gente para justificar la expresión de un veneno que vivía en mi interior, mi propia ira hacia la Iglesia de mi niñez.

–El problema es que no sabes quién eres cuando no sientes ira ni hambre de cosas, porque tienes toda la comida que quieres, o cuando te sientes asustado o solo. Guardas esos sentimientos en el bolsillo y los sacas cuando quieres sentir quién eres.

»Fíjate en esa flor –don Manuel hizo un gesto hacia el parque que había al otro lado de la calle, señalando con su cucharilla una gran rosa abierta–. Te dice quién es con su néctar y su aroma. Las abejas que la visitan solo se llevarán el néctar. Pero tú defines quién eres por los venenos que llamas tus opiniones. Y lo que otros encuentran cuando vienen a beber de ti es tu enojo, tu soledad, tu deseo de más cosas o tu miedo. Tus amigos comparten estos mismos sentimientos. Ninguna cantidad de azúcar puede endulzar ese sabor –dijo, señalando lo que quedaba del terrón de azúcar en mi cuchara.

CÓMO SOMOS HECHIZADOS Y APRENDEMOS A HECHIZAR

Tras caer bajo el hechizo de otros aprendemos a hechizar. Esto empieza en la niñez.

Sé quién «soy» porque lo aprendí de mi madre y mi padre en los primeros años de mi vida. Todos lo hicimos. Si cuando llorábamos, mamá acudía y nos alimentaba, nos sentíamos seguros, no hambrientos, solos o enojados.

Tu madre, tu padre, tus hermanos fueron el espejo en el que descubriste tu reflejo. A medida que aprendías a leer los rostros y los sentimientos de los que te rodeaban, empezaste a aprender quién eras. Aprendiste a verte a ti mismo a través de sus ojos. Cuando leías desaprobación, corregías tu comportamiento hasta que volvías a ver una sonrisa. Cuando veías el amor de tu madre proyectado hacia ti, todo estaba bien en tu mundo. Escudriñabas su rostro buscando aprobación y cuando no la recibías, sentías un malestar profundo.

Podrías decir que caíste bajo el hechizo de tu familia.

Aquí utilizo la palabra *hechizo* por una razón específica. Recuerda cuando los *laika* se retiraron a las cumbres llevándose el conocimiento del poder que tenemos para soñar nuestros propios sueños sagrados y ayudar a crear y moldear nuestra realidad. Pero perdemos ese poder si estamos bajo el hechizo de otros (o incluso si creemos que lo estamos). Igual que los indios de las tierras bajas dependían de otros para lanzar un hechizo que les concediera buena suerte o un bebé sano, que evitara una muerte determinada o llevara la desgracia a quienes no eran como ellos, nosotros aprendemos a depender de otros para que nos digan a quiénes nos parecemos, de quiénes somos diferentes y quiénes son los «otros».

Un niño aprende de sus padres que «esta no es nuestra gente...». Y así empezamos a creer que el «otro» no es tan inteligente, tan amante de la paz ni tan educado porque no «se parece a nosotros» lo suficiente. Luego encontramos a nuestra pareja y le decimos «te amo» cuando lo que de verdad queremos decir es «te amo cuando eres como soy». Lo cómico del caso, aunque en realidad no tiene gracia, es que cuando estamos bajo ese encantamiento no sabemos ni quiénes somos ni quién es nuestra pareja.

Al cabo de un tiempo nos convencemos de la veracidad del hechizo. Y esto puede ser mortal. En 1992 el doctor Clifton K. Meador relató la historia de un hombre que, al igual que sus médicos, estaba convencido de que se moría de cáncer. Al hacerle la autopsia, los médicos descubrieron que el cáncer no había sido en absoluto la causa de su muerte. El doctor Meador llegó a la conclusión de que la causa fue la creencia del hombre en su muerte inminente.

El hechizo de tu nombre

La primera vez que sientes tu «yo soy» es cuando aprendes tu nombre.

Durante mucho tiempo, me presenté como «soy Alberto», en lugar de decir «me llamo Alberto». Creía que yo era mi nombre, que era también el nombre de mi abuelo; era una extensión de la historia familiar. Lo que sabía sobre esa historia reveló que habíamos sido piratas y salteadores de caminos, con algún que otro dueño de esclavos y comerciante en nuestro árbol genealógico: la verdad es que no es nada admirable.

Cuando dices, «yo soy [escribe tu nombre aquí]», despiertas los hechizos de tus antepasados. Algunos de estos hechizos son sobre tu salud y sobre cómo vivirás y morirás. Cuando vas al médico, este te pregunta de qué murieron tus padres. Cáncer de mama, cardiopatía, demencia... El médico te dice que tu destino está marcado, que está escrito en la genética de tu familia. Cuando vas al terapeuta, este te muestra que las historias de tu familia pasan de una generación a la siguiente, hasta que llegas a ser exactamente igual que la madre o el padre que juraste que nunca llegarías a ser.

¿Recuerdas el día en que te despertaste, te miraste en el espejo y exclamaste: «¡Dios mío, me he convertido en mi madre (o padre)!»?

Pues bien, hay una realidad diferente a la que despertar. Y creo que la conoces.

En muchas tradiciones indígenas americanas, tú eliges tu nombre durante la pubertad para que tu destino no sea decidido por las historias y las luchas de tus antepasados.

Recuerdo que cuando tenía trece años un tío mío me dijo: «Alberto, cruzas los brazos como tu papá». Me horrorizó escucharlo. Mi padre parecía severo y serio, y yo estaba esforzándome mucho por parecer relajado y simpático, pero mi lenguaje corporal contaba una historia diferente. Inmediatamente decidí cambiar esa postura. La persona a la que menos quería parecerme era mi padre. No quería que me vieran como a él sino como a mí mismo: agradable, amistoso y servicial.

No tenía ni idea de quién era realmente. Solo sabía quién no quería ser, lo cual es, supongo, un paso para salir del hechizo.

Otro paso es dejar de buscar la aprobación en los rostros de los demás. Prueba este ejercicio con alguien. Cuando te estén hablando, deja de darle señales afirmativas a tu interlocutor. Basta con mirarlo a los ojos, sin asentir con la cabeza para mostrar tu acuerdo ni decir nada, sin aprobar ni desaprobar. Nota lo incómodo que se vuelve quien está hablando contigo cuando no se le ofrece el lenguaje corporal que lo aprueba.

Cuando no recibes la aprobación de otros, ya no sabes quién eres. Estamos dispuestos a hacer prácticamente cualquier cosa por esa aprobación, por una matrícula de honor en la escuela, por una palmadita en la espalda, por que nuestros padres nos digan lo buenos que somos o lo orgullosos que están de nosotros.

En uno de los poemas de Jalaluddin Rumi, este le dice a su ser amado: «Como he dejado de existir, solo tú estás aquí». ¿Tu ser querido te ha dicho eso alguna vez? Por supuesto, Rumi está hablando de Dios, pero en nuestras relaciones amorosas esta cita suele convertirse en: «Como tú has dejado de existir, solo yo estoy aquí».

La forma más grande de control que podemos ejercer sobre otro es negar su existencia. Es por eso por lo que se viste igual a todos los presos, con ropas idénticas, porque han dejado de existir como individuos.

Los monjes del Tíbet se afeitan la cabeza al ingresar en el monasterio, como señal de que ya no son hijos de familias pobres o ricas, ni especiales en modo alguno.

Lo primero de lo que necesitamos estar seguros es de que existimos, de nuestro *yo soy*.

Y creemos que solo podemos estar seguros de que existimos si añadimos un modificador a *soy/estoy*.

Estoy *seguro*.

TODO COMIENZA CON LA PREGUNTA «¿QUIÉN SOY?»

Si vives lo suficiente, llegarás a hacerte la pregunta «¿quién soy?».

Es una pregunta terrible, porque te transporta a lugares y experiencias desconocidos. Te das cuenta de que no eres tu nombre, tu familia, tu trabajo ni cualquiera de los innumerables papeles que desempeñas en tu vida. Que no te gustan las coles de Bruselas y que te encanta la ópera no es, repito, no es quien eres. Hasta que empiezas a transformar el sueño de la seguridad, no tienes la menor idea de quién eres de verdad.

Pero hazte la pregunta; es un paso en la dirección correcta.

Cuando mi padre tenía setenta y tantos años, me llamó una mañana temprano y me dijo: «Alberto, he estado viviendo la vida de otro. He tratado de ser un buen esposo, una buena persona, de que a mi familia no le faltara de nada. Pero no tengo ni idea de quién es la vida que he estado viviendo». Y tras hacerse esa pregunta, vivió durante unos cuantos años su propia vida hasta que murió. Me gusta pensar que mi padre murió a la edad de cinco años, pero fueron cinco años bien vividos.

Cuando somos jóvenes, sabemos que existimos porque otros nos reconocen con elogios o críticas. Tú *me* reconoces; por lo tanto, soy. Existo. A veces permanecemos en una relación tóxica durante mucho más tiempo de lo que deberíamos porque se nos reconoce por lo que no somos. Nos conformamos con ese tipo de reconocimiento.

Cuando alguien te dice «eres un egoísta», lo que de verdad te está diciendo esa persona es que se ve a sí misma en ti y no le gusta lo que ve. El problema empieza al creer que si cambias, te aceptará de buen grado o será más amable contigo. Y cuando por fin reúnes el coraje para irte, descubres que en realidad eres un ser humano considerado y cariñoso que se ha estado mirando todo el tiempo en un espejo distorsionado.

LA MENTE ESTÁ LOCA

La famosa máxima de René Descartes «Pienso, luego existo» nos dice que el «yo soy» depende de nuestra capacidad de pensar. Descartes había buscado una declaración objetiva que nadie pudiera cuestionar. Su razonamiento consistía en que si alguna vez dudó de que existiera, como era él quien se estaba planteando la duda, esto mismo afirmaba su existencia. La frase en latín es: *Cogito, ergo sum*.

Pensar, dejar que la mente persiga un pensamiento tras otro, no te proporcionará un sentido permanente ni definitivo de tu identidad. Para tener la seguridad de que existes debes pensar y seguir pensando, de manera que cortar el hilo de tus pensamientos puede ser aterrador. Esta es la razón por la que la mente está tan ocupada persiguiendo ideas sin cesar. Cuando no estoy inmerso en el pensamiento, cuando mi mente está quieta, podría dejar de ser. A muchos nos resulta tan difícil meditar, detener las divagaciones de la mente, porque creemos que si dejamos de pensar, dejaremos de existir.

Cuando transformas el sueño de la seguridad, descubres que la mente está loca... y lo ha estado siempre. Dejas que la mente descanse, y al dejar de pensar, la mente se vuelve gozosa. Ya no necesitas verte a través de los ojos de los demás. Te conviertes en tu propio referente. Te llevas el espejo a la cara y descubres quién eres. Te entusiasma el «yo soy», no necesitas añadirle nada.

El aspecto más elevado y sagrado de tu identidad es el «yo soy». Según la Biblia, el nombre de Dios es «yo soy el que soy». ¿Quién soy? Yo soy.

La evolución nos ha proporcionado unos cerebros tan extraordinarios para, entre otras cosas, encontrar la respuesta a la pregunta «¿quién soy?». Los dinosaurios dominaron la Tierra durante sesenta y cinco millones de años con un cerebro, relativamente hablando, del tamaño de un guisante. La naturaleza selecciona basándose en la inteligencia, no solo en los músculos y los dientes afilados como navajas. La inteligencia te lleva a explorar con valentía la pregunta «¿quién soy?».

Los filósofos orientales son expertos en esta exploración de «¿quién soy?». Creen que durante la meditación hay que dejar a un lado la mente inquieta para que pueda surgir una mente mayor. En las escuelas zen que practican los *koan*, acertijos diseñados para ayudarte a trascender tu mente parlanchina, hay uno que pregunta: «¿Los perros tienen la naturaleza de Buda?». La primera vez que le escuché esto a un maestro zen, respondí que, por supuesto, todas las criaturas vivientes tienen una naturaleza búdica. Me sorprendió cuando el maestro negó con la cabeza. Finalmente, tras muchos intentos fallidos, me dijo que la respuesta correcta era: «¡Guau!».

A medida que exploras la pregunta «¿quién soy?» desmantelas tus defensas intelectuales y emocionales, permitiéndote a ti mismo ser vulnerable. Enfrentarse a un agresor con las manos vacías o perder un trabajo o a tu pareja y saber que seguirás existiendo..., este tipo de experiencias te llevan a conocer el «yo soy». Te vuelves vulnerable, con un vientre tierno como la serpiente que acaba de mudar su piel.

Descubres el «yo soy» al echar al fuego las historias de ira, miedo, hambre y soledad, porque no eres ninguna de esas historias. Es por eso por lo que los chamanes echan todas las historias trágicas a las llamas. Están liberando la Luz Primordial que yace atrapada en cada uno de estos relatos de miedo y dolor, del mismo modo en que se libera la luz de los leños en el fuego.

LA REALIDAD

Sabemos que las historias de nuestro pasado son reales porque nos sucedieron, pero en algún momento empezamos a creer que eran verdaderas. En la mayoría de los casos estas historias son una excusa para dejar pasar la oportunidad de ser grandes, ya que ¿por qué no podemos ser quienes podríamos haber sido? Recuerda, puedes conseguir lo que quieres o quedarte con las razones por las que no puedes conseguirlo.

Estas historias no son verdaderas, ni una sola de ellas.

Pero para ti son reales.

Déjame ponerte un ejemplo. Andrea tenía treinta y tantos años cuando empezó a estudiar conmigo. Estaba convencida de que su padre, fallecido pocos años antes, había abusado sexualmente de ella. Durante años había asistido a psicoterapia y había tenido múltiples sesiones de hipnosis y descubrió que su padre la toqueteaba de forma inapropiada cuando era un bebé. Creía que aquellos abusos eran la causa de que no fuera capaz de intimar con ninguno de los hombres con los que salía. Cuando se lo contó a su anciana madre, esta se quedó estupefacta. Tras unos momentos, sonrió y le explicó a Andrea que su marido había perdido su trabajo, y que durante dos años permaneció en casa encargándose de los niños mientras ella trabajaba de enfermera. El padre de Andrea siempre le cambiaba mal los pañales: cuando le limpias el trasero a una niña, siempre tienes que hacerlo en dirección contraria a los genitales, para evitar una infección urinaria. Con un niño no existe este problema.

Su madre estaba segura de que no había habido mala intención por parte del padre. Sencillamente le limpiaba mal el trasero, y luego tenía que volver a limpiarla.

La creencia de Andrea de que su padre había abusado sexualmente de ella no era verdad, pero era real para ella. Su cuerpo retenía el recuerdo de su padre tocándola pero interpretó mal la intención. Era la realidad de Andrea, a la que se aferraba con tenacidad, porque le ayudaba a explicar por qué no podía encontrar nunca la intimidad que buscaba. En su historia ella era una víctima y tenía una excusa útil para justificar por qué no era capaz de tener relaciones sentimentales satisfactorias.

Del mismo modo, cuando un paciente entra en mi consulta con un diagnóstico terrible, le explico que su diagnóstico es solo una historia. Le digo que él no es una historia sino un milagro en carne y hueso. Que no es una resonancia magnética, un análisis de sangre ni lo que le sucedió en el pasado. Y que, después de todo, todos tenemos un pronóstico terminal (permíteme añadir, solo para dejarlo bien claro, que ignorar la historia de un diagnóstico no lo transforma. Lo que estamos buscando aquí es descubrir maneras de enfrentarnos creativamente al diagnóstico: a través de la medicina, la curación, etc.).

Podemos cambiar la historia, pero primero debemos arrojarla al fuego.

Pero ¿dónde puedes encontrar un fuego sagrado para realizar el ritual de dejar ir lo viejo y traer lo nuevo? Puedes hacerlo en el patio, en la chimenea, con una vela o incluso con la imaginación. Lo importante es recordar que todos los fuegos arden con el resplandor de la Luz Primordial. Y esta luz es la que te libera del drama de tu pasado. Echas al fuego esa identidad que se ha vuelto demasiado pequeña para ti, el terrible diagnóstico o la historia de cómo te educaron, y extraes de la luz el poder y la fuerza para volver a soñar tu vida.

Prueba a hacer esto en casa. Enciende una vela y sopla en un palillo de dientes la historia que te está agobiando ahora mismo, sea cual sea. A continuación, mantén el palillo de dientes sobre la llama hasta que se prenda e imagina que la historia está siendo consumida por las llamas.

Los chamanes lo llaman mudar el pasado del modo en que la serpiente muda su piel.

Y mientras estamos mudando nuestra piel, es mejor estar seguros de que lo que mudamos son nuestras escamas. No podemos transformar el sueño tomando prestada la historia de otro.

Hace años, en el cañón de Chelles, en el suroeste americano, conocí a una vieja curandera navajo de la que con los años me he hecho amigo. Me preguntó por mi vida, y le hablé de mi padre ausente y de cómo siempre había buscado un modelo positivo de lo que significa ser un hombre.

Asintió amablemente cuando terminé. A continuación, le pedí que me contara su historia. Me dijo: «Yo soy las paredes de piedra roja del cañón. Yo soy el viento del desierto. Yo soy ese niño que no comió hoy en la reserva».

Me quedé impresionado. Qué historia tan fascinante..., mucho mejor que la mía de «niño buscando a su papá».

Unos días más tarde estaba volando de regreso a mi casa en Los Ángeles. Poco antes de aterrizar, el hombre sentado a mi lado me pidió que le dijera algo sobre mí, y comencé: «Yo soy las paredes de piedra roja del cañón…».

Me echó una de esas miradas de «este tipo es un lunático», se levantó y se sentó cuatro filas más atrás, en clase turista, antes de que me diera tiempo a decir «el viento del desierto».

Se dio cuenta de que mi historia era mentira, que no tenía ninguna profundidad o sustancia. Yo había tratado de pensar en una historia más impresionante que la que estaba viviendo, y pedí prestada una que no era mía para contarla. Me faltó el coraje para crear un nuevo sueño. No conseguí engañarlo con mi farsa.

No fue hasta que arrojé al fuego mi historia de ira, soledad, miedo y hambre de cosas que creía que me faltaban cuando fui capaz de convertirme en el narrador y no en la historia. Pude convertirme en la cura en lugar de en la enfermedad.

Los videntes de antaño encendían una hoguera para quemar su historia personal, y aunque las historias permanecieran en su memoria, ya no tenían ningún peso para ellos.

Y todo comienza con la pregunta «¿quién soy?».

Después de pasar mucho tiempo descubriendo que no puedes ser definido por tu nombre, tu nacionalidad o tu sexo –que todo esto es real pero no intrínsecamente verdadero–, empiezas a entender que lo que creías que era tu vida y tu identidad es solo un sueño.

Te desprendes de la necesidad de añadir algo después de «yo soy ________», porque ahora comprendes que es una declaración completa.

No necesitas un fuego voraz que queme todas tus historias. Aunque tomaras parte en la ceremonia más exótica y poderosa alrededor de una hoguera en una aldea elevada de los Andes, si te limitaras a arrojar al fuego las historias de tu pasado, bajarías de las montañas siendo el mismo que subió unos días antes. Nada habría cambiado. Seguirías sin ser el narrador.

El fuego sagrado del «yo soy» has de encenderlo en tu corazón. El corazón es el gran tambor del cuerpo, y puedes celebrar tu propia ceremonia sagrada en la quietud de tu corazón. De todos modos es aquí, al ritmo de tus latidos, donde se celebran todas las ceremonias sagradas.

Prendemos fuego a nuestro pasado para que la vida no lo haga por sorpresa. De la misma manera que los indios de los llanos de Norteamérica prenden fuego periódicamente a la maleza para que una tormenta de relámpagos no queme todo el bosque, es mejor que utilicemos a menudo nuestras historias como leña, para quitarnos de encima la carga de lo que ha sido, y encendamos el fuego que nos hará estar disponibles para el futuro.

Esta práctica incendiará tu vida entera. Esto no significa que tu pasado vaya a desaparecer mágicamente y te conviertas en una persona nueva de la noche a la mañana. Significa que te darás cuenta de que no eres ninguna de las circunstancias o historias que te ocurrieron en tu vida. No eres el producto de una infancia infeliz, el hijo de unos padres alcohólicos ni el sobreviviente de una grave enfermedad.

Te convertirás en el soñador y no en el sueño, en el cuentacuentos y no en la historia.

Estarás a salvo, porque no tendrás nada que se te pueda quitar, ni siquiera tu nombre o tu historia.

CAPÍTULO 7

TRANSFORMAR EL SUEÑO DE LA PERMANENCIA: DESCUBRIR EL INFINITO

En cuanto descubras el «yo soy», al día siguiente reconocerás que algún día no serás.

Dejarás de ser tú.

Todos tenemos un momento en que nos damos cuenta por primera vez de que todo llega a su fin: que las flores se marchitan, que las mascotas amadas se nos mueren, que los abuelos envejecen y fallecen. La muerte y el fin son inevitables. Hasta los imperios poderosos se desmoronan. Pero la muerte no nos parece real hasta que nos damos cuenta de que no son solo otros los que mueren. Pronto nos habremos ido nosotros también.

De niño me costaba aceptar una fe que prometía la condenación eterna a los paganos y a quienes quebrantaban los mandamientos. Más tarde, a medida que fui creciendo, descubrí las enseñanzas de Cristo sobre el amor y el perdón, pero lo que aprendí en la iglesia no me ayudó a mitigar mi miedo infantil.

La muerte está siempre a tu lado: es como tu sombra, que te sigue sin importar a dónde vayas. Y al igual que tu sombra, que no notas a menos que se produzca un cambio repentino en la luz, desarrollas el hábito de dejar de sentir la presencia de la muerte... hasta que viene inesperadamente a llevarse a alguien cercano a ti.

Si vives negando la muerte, ignorándola o viéndola como algo lejano en el futuro, comenzará a atormentarte. La verás con el rabillo del ojo en tus amigos que están envejeciendo. Luego la muerte se convertirá en un mal sueño cuando comience a aparecer en tu propio reflejo en el espejo. Si transformas el sueño de la permanencia, la muerte puede convertirse en tu aliado, evitando que gastes una fuerza vital preciosa para librarte de ella de todas las formas posibles.

CÓMO TRANSFORMAR EL SUEÑO DE LA PERMANENCIA

Tan pronto como descubras ese «yo soy», encontrarás la muerte esperándote al otro lado de la esquina. Esta es una de las razones por las que muchos nunca superamos el enojo con nuestros padres o con las personas que nos agraviaron. Nos hace sentir que tenemos el resto de la eternidad para trabajar en nuestra terrible infancia. ¿No es asombroso conocer a alguien de cincuenta y tantos años que sigue enojado con sus padres?

Qué impresionante es descubrir que «yo soy» existe dentro del río del tiempo, y que algún día este río volverá al mar, a la muerte, a la aniquilación. El «yo soy» se convierte en «estoy muerto». Finito. Nadie sobrevive a este viaje. Nadie llega al otro lado intacto.

Por lo tanto, la única manera de sobrevivir es convertirse en *nadie.*

Te conviertes en *nadie* al eliminar todas las historias de «yo soy esto o aquello» y siguiendo tu respiración hasta el infinito. Para transformar el sueño de la seguridad, liberamos las cuatro emociones tóxicas. A continuación, debemos liberarnos de todos los papeles que desempeñamos en la vida. Hay que desprenderse de todas esas historias, hasta la última (soy una mujer, un hombre, un padre, un amante, un escritor, un chamán, un amigo, una persona íntegra) porque la única manera de despertar y transformar el sueño de permanencia es descubrir que no eres ninguna de estas cosas.

EL INICIO DEL IMPERIO

El ascenso del Imperio inca estuvo acompañado de la unión de cuatro artes. Del pueblo de Nazca a lo largo de la costa, los incas tomaron prestado el arte de tejer y el de hornear la cerámica delicada. Del pueblo de Tiaguanaco, en el lago Titicaca, aprendieron el arte de la arquitectura y el de trabajar las piedras monolíticas para construir ciudadelas como Machu Picchu. De la cultura wari, aprendieron a excavar terrazas en las montañas estériles y convertirlas en jardines fértiles. De los chamanes amazónicos, aprendieron el viaje más allá de la muerte hasta el infinito. Aprendieron que continuamos en un viaje interminable a través de las estrellas.

Tenía la intención de preguntarle a don Manuel sobre la vida después de la muerte. Es una creencia tejida en el tapiz de la sabiduría andina, invisible a los ojos del inexperto pero subyacente en todas las enseñanzas de la sabiduría. ¿Cómo podía estar tan seguro de que de hecho había otro mundo, y si es así, cómo sabía que era mejor que este?

Estábamos en el pueblo de Paucartambo, al pie de las montañas, donde las aldeas q'ero yacían ocultas entre glaciares milenarios. Estábamos acampando a la orilla del río Mapocho, y al día siguiente iniciaríamos nuestra excursión al monte Ausangate, a casi una semana de distancia a caballo.

–A tu maestro lo educaron los curas –dijo. Don Manuel y mi mentor, don Jicaram, habían sido *compadres*.* Pero mientras Manuel se crio en las aldeas de la montaña, mi mentor se había educado en un orfanato católico y pasó su juventud barriendo las iglesias de Cusco. En los veranos, iba a las aldeas q'ero para formarse

* N. del T.: En castellano en el original.

como chamán. Tu maestro era obstinado y testarudo, igual que tú –continuó el anciano–. Y era inteligente. Se dio cuenta de que la Iglesia de Roma te prometía la vida eterna, sin importar dónde terminaras. Si eras un buen católico ibas al cielo, te lo ganabas durante toda la eternidad. Si terminabas en el infierno, eso también sería para siempre. Terminaras donde terminases, seguirías siendo. No dejarías nunca de existir.

–Eso elimina a la muerte de la ecuación –aventuré–. Da igual que te hayas ganado tu estancia en la playa o al otro lado de la vía.

Don Manuel me miró, perplejo. Nunca había estado en el mar ni había visto la playa o la televisión y cerca de su aldea no había trenes. Pero al cabo de un momento comprendió mi metáfora.

–Para nosotros es diferente –explicó–. No hay promesa de que continuarás o terminarás en ningún sitio para siempre. Es como los jaguares. ¿Entiendes?

Le confesé que no.

–Los gatos tienen nueve vidas –dijo mirándome con firmeza, como si eso lo explicara todo.

Le dije al anciano que eso era una metáfora, que una vez que matabas a un gato, se quedaba muerto.

–Los felinos tienen almas colectivas, por lo que cuando mueren, su *kawsay* –yo sabía que era su fuerza vital o alma– regresa a la esfera singular de luz de su especie. Y lo mismo sucede con todos los animales, incluso aquellos que ya no están aquí, como las grandes bestias. Los dinosaurios. Su *kawsay* continúa existiendo en el mundo de los espíritus.

»Tu gato está muerto aquí, pero sigue vivo en el mundo de los espíritus. Pero ya no es tu gato, ni mi gato, ni el gato del pueblo. Es solo un gato. Se ha borrado toda su historia. El siguiente gato que nace toma una gota del *kawsay* y la lleva dentro de sí mismo hasta que perece.

»Pero los seres humanos no tenemos almas grupales. Tenemos almas individuales. Cuando morimos, vamos a las aldeas del mundo de los espíritus y allí nos atienden los chamanes dedicados a ayudarnos a reparar nuestra alma. Son las comadronas del mundo de los espíritus.

»Recibimos nueve de estas vidas, más si somos buenos con los demás y no maltratamos a los animales. Tienes nueve oportunidades, más o menos, de llegar a ser infinito. Si no descubres tu propia luz, tu *Ti*, en estas oportunidades, dejas de ser. Tu *kawsay* se convierte en alimento.

Eso no me parecía un plan muy divertido...

—¿Alimento para quién? —pregunté.

—¡Alimento para la vida!—exclamó don Manuel—. La vida se alimenta de vida. ¿Recuerdas cuando tu maestro te dijo que no vinimos aquí solo a cultivar maíz, que vinimos a cultivar dioses?

Lo entendí. Don Jicaram me había dicho años antes que la Tierra era el jardín donde podíamos cultivar dentro de nosotros las semillas de los dioses. Inkari fue el ejemplo, y dejó tras él un mapa para alcanzar nuestra divinidad. El hombre hizo a Dios, en lugar de Dios al hombre.

Tienes nueve oportunidades para llegar a ser divino, más o menos, dependiendo de lo bueno que fuiste en tu última vida. Tras esos nueve intentos, te conviertes en un *laika* o te conviertes en un almuerzo.

–¿Sabes quién construyó las pirámides de Egipto? –me preguntó don Manuel–. Los esclavos –contestó, antes de que pudiera responderle–. Eso me enseñó tu maestro. Él lo aprendió de los curas. Los incas también crearon monumentos construidos por esclavos. Puedo imaginarme a los esclavos cargando piedras sobre la espalda y depositándolas en una rampa de tierra, y a los sacerdotes diciéndoles que si trabajaban bien, su Dios los recompensaría en el Más Allá.

»Los incas hicieron lo mismo. Impusieron tributos a cada aldea del Imperio, haciéndoles pagar con sus mejores hijos. Unos pocos fueron sacrificados para suplicar a las estrellas por la larga vida del Imperio. Los inteligentes fueron a aprender música, confección de tejidos, cerámica y arquitectura. Los más torpes arrastraban las piedras hasta las laderas de las montañas o servían en el ejército. Los incas descubrieron que sus esclavos trabajaban más si se les prometía el cielo. Los conquistadores españoles fueron maestros en esto porque prometieron la salvación, pero también garantizaron la condenación si no trabajábamos en las minas de oro. Y la gente los creía.

–La gente hace cualquier cosa con tal de evitar enfrentarse a su mortalidad –dije.

El anciano sonrió con un brillo travieso en sus ojos.

–En realidad –sentenció–, nadie sale de aquí muerto.

EL INFINITO

La promesa de que puedes ganarte la estancia en un paraíso eterno es una fantasía agradable. Una creencia en el fin del sufrimiento y en una recompensa en el más allá puede hacer que los momentos difíciles te resulten más llevaderos, pero recuerda: al final, los sueños que soñamos despiertos, incluso los más placenteros, se convierten en pesadillas. Puedes quedar atrapado en el sueño de la permanencia, creyendo que vivirás eternamente en el paraíso, siempre y cuando sigas aguantando valientemente los sinsabores de esta vida o aniquiles a los enemigos de tu Dios y tu fe sea lo bastante fuerte.

Como aprendiste anteriormente, cuando transformamos el sueño de permanencia, desprendiéndonos de la ilusión de la inmortalidad, descubrimos que hay vida en la muerte y muerte en la vida. Comprendemos que en la vida hay mucho más aparte de nuestra idea de nacer, crecer, envejecer: esos setenta años que vivimos aproximadamente. La verdad es que nacemos y volvemos a nacer mientras viajamos por el río del tiempo.

Descubrimos el infinito.

En una sociedad tradicional puede descubrirse la infinidad al pasar por los ritos de iniciación, de muerte y renacimiento simbólicos. Una mujer tiene la oportunidad de pasar por su iniciación cuando da a luz a su hijo y comprende que puede crear vida a partir de su propio cuerpo. Un joven lo hace al cazar por primera vez una presa, que lleva a la aldea para alimentar a todos. Vida y muerte. Inseparables. Para nosotros, que vivimos en el mundo moderno que ya no considera el parto como un rito sagrado de iniciación y que ha dejado de salir a la naturaleza para cazar las presas con las que se alimentará a la tribu, descubrir el infinito es más difícil.

Pero tenemos nueve oportunidades, más o menos, para hacerlo.

EL SUEÑO DEL MÁS ALLÁ

El sueño de la permanencia es una fantasía. En este sueño, la muerte es solo una puerta a otra realidad en la que seguiremos existiendo. El «yo soy» permanecerá para siempre en el futuro, residiendo en el cielo cristiano o paraíso, en el campo budista o en el Olimpo. La idea de nuestra inmortalidad nos ayuda a aliviar el horror que sentiríamos si nuestra muerte fuera definitiva.

Durante mucho tiempo, la religión nos ofreció un proyecto de inmortalidad bien planteado. Si eras muy bueno, irías al cielo. Si no eras tan bueno pero te arrepentías, podrías terminar en el purgatorio. Y si eras un ser humano realmente terrible, acabarías en un lugar caluroso y desagradable. Pero, a pesar de todo, terminarías en algún lugar. Seguirías siendo capaz de decir de manera inequívoca: «Estoy aquí». Puede que no fuera un lugar agradable, pero seguramente era preferible a no estar en ningún sitio.

En el siglo XX la historia que nos ofrecía la religión sobre nuestra supervivencia después de la muerte se volvió menos convincente. Ya no confiábamos en la religión como lo hacíamos antes de la llegada de la ciencia moderna. Después de todo, habíamos confirmado que la Tierra no es el centro del universo y que los seres humanos y los dinosaurios no caminaron juntos por el planeta hace seis mil años. ¿Podíamos confiar en que la religión nos diera un mapa fiable del más allá?

Cuando dejamos de creer en la idea de eternidad que nos ofrecía la religión, nos creamos nuestro propio proyecto de inmortalidad. Mi favorito es «estoy demasiado ocupado para morir». Otro es «me quedan muchas cosas por hacer en mi lista». A Dios tendría que quedarle claro que yo estaba ocupado con un sinfín de asuntos sumamente importantes.

Otro de mis preferidos es «pero debe de haber un error», «No tenía que haber muerto joven en un accidente automovilístico», «El médico le dijo que podía vivir durante años con ese cáncer».

Otros acuden a la ciencia para su proyecto de la inmortalidad y congelan sus cuerpos o, si no pueden permitírselo, sus cabezas, hasta que se encuentre una curación para su enfermedad o para la vejez. Hay incluso algunos que creen que en algún momento cercano todos podremos subirnos a la nube y vivir para siempre en la realidad virtual, después de desenchufar este sucio cuerpo biológico.

Al leer esto podrías pensar que «esta teoría chamánica es nihilista» o que «esto va en contra de mis creencias». Pero acompáñame mientras exploramos las enseñanzas de sabiduría de los chamanes.

LA MUERTE COMO ENFERMEDAD

Cuando los sabios de antaño intentaban curar las enfermedades, observaron que el problema de enfermar, aparte de pasar unas semanas desagradables, era que podías morir. La muerte era inevitable, o eso parecía. A medida que seguían aprendiendo sobre las plantas y los remedios que curaban la enfermedad, se propusieron también curar la muerte.

Probaron todos los remedios de los que disponían –las plantas, los hechizos, los cánticos, las ceremonias– y descubrieron que ninguno mantenía la muerte a raya. Luego averiguaron que la muerte acosaba a todos en el tiempo. *El problema era el tiempo.* El tiempo se agotaba y todos los momentos buenos, incluidos los nuestros, llegaban a su fin. Así que se propusieron resolver el problema del tiempo.

Descubrieron el infinito.

Derrotaron a la muerte liberándose del tiempo. De ese modo, la muerte se convirtió en un amigo, un aliado, un compañero que te enseñaba a saborear cada momento, cada aliento. A pesar de que el viaje era infinito, este momento nunca volvería a ocurrir.

La infinidad es diferente de la eternidad, que es lo que las religiones nos prometen: sufrimiento o éxtasis para siempre. La eternidad es un número infinito de momentos, aún atrapados en el río del tiempo. El infinito está antes del tiempo, más allá del tiempo. El río del tiempo, eterno como es, atraviesa los valles y prados del infinito.

EL MISTERIO DE LAS PARTÍCULAS

En el universo todo existe bien como materia o bien como energía. Albert Einstein explicó esto en su extraordinaria fórmula $E = mc^2$. Cuando los electrones están en estado de materia, *m*, son una partícula y ocupan el espacio físico. Tienen peso, velocidad, impulso y aceleración y obedecen las leyes de la mecánica de Newton.

Cuando los electrones están en el estado de energía, *E*, a la izquierda de la ecuación de Einstein, son un campo. Ocupan espacio físico y tienen energía pero no se encuentran en ninguna ubicación (podrían estar por todas partes) y no tienen peso, velocidad, impulso ni aceleración. No siguen las leyes de Newton. En cambio, siguen las leyes de la relatividad especial descritas por Einstein. Tal vez con lo que más familiarizados estemos sea con los campos magnéticos, como los de un imán doméstico, y con cómo pueden mover la aguja de una brújula desde unos pocos centímetros de distancia.

Los electrones pueden comportarse como una partícula y como un campo. Los seres humanos también tenemos un estado de partículas: nuestros cuerpos. Pero además tenemos un estado de campo, el campo de energía luminosa que rodea nuestros cuerpos. Como en un electrón, la versión de partícula de ti mismo siempre está en alguna parte. Sin embargo, tu campo puede estar en todas partes. En tu estado de campo, tu energía se extiende hasta los más lejanos alcances de la galaxia y más allá.

Estoy en todas partes, y en todas las cosas.

Tú puedes estar en todas partes, entrelazado con la Luz Primordial e idéntico a ella.

El infinito existe fuera de las leyes de la física de Newton. Para Newton, y para todos los observadores casuales del mundo, el tiempo está separado del espacio. Tú podrías viajar a través del espacio, yendo del punto A al punto B, pero el tiempo parecería viajar a través de ti al envejecer cada día. Einstein transformó el mundo de la física cuando sugirió que en la relatividad especial, las tres dimensiones del espacio y una dimensión del tiempo se fusionan para crear una cuadrícula de cuatro dimensiones llamada espacio-tiempo. Como dije anteriormente, los antiguos sabios llamaron a esto *pacha*, como en Pachamama (que significa «Madre Tierra», pero también «Tierra-tiempo») o Pachakuti (que significa «el que le dio la vuelta al tiempo»). *Pacha* es el concepto ancestral del espacio-tiempo infinito.

Aunque tendemos a considerar que el infinito está relacionado con el tiempo, no es el tiempo. El tiempo es un momento calculable que viene antes o después de otro momento a un ritmo, velocidad o arco determinados. El infinito no puede ser contenido o limitado.

Los *laika* aprendieron a soñar el mundo y hacerlo realidad en el infinito, donde las cosas podían arreglarse antes de que nacieran en el tiempo y en la forma. Podían cambiar el rumbo del destino. Cuando estamos en nuestro estado de partícula y creemos que somos solo un cuerpo, no es posible percibir y hacer cosas que únicamente se pueden lograr desde nuestro estado de campo, como cambiar el destino de un individuo o un pueblo.

En efecto, hace cientos de años, los *laika* decidieron permanecer fuera del tiempo hasta el momento oportuno para volver. Desaparecieron literalmente del mundo visible. Dejaron de nacer en cuerpos físicos, permaneciendo en cambio en el estado de campo con sus posibilidades ilimitadas. Y ahora han vuelto a nacer y a adquirir un cuerpo para enseñarnos que podemos cambiar el futuro del mundo en el que vivimos.

¿Por qué ahora? Porque la Tierra está atravesando un gran cataclismo que nos llevará a la extinción. Las vidas de todas las criaturas están en juego.

Los *laika* podían salir del tiempo porque entendían cómo funciona la Luz Primordial. Permíteme tratar de describir esto. Quizá estés familiarizado con los siete chakras, los centros de energía del cuerpo que van desde la raíz hasta la coronilla. Para los chamanes tenemos dos chakras más. Uno está por encima de nuestra cabeza, un chakra que se encuentra dentro de nuestro campo de energía. A menudo se ve este centro de energía representado alrededor del Buda o el Cristo u otros seres iluminados. Este halo de luz es lo que llamamos el alma. Es el octavo chakra, el asiento del «yo soy».

Luego, como saben los chamanes, hay un noveno centro de energía en el epicentro del cosmos que llamamos Espíritu. Hay cerca de ocho mil millones de almas en este planeta, pero solo hay uno de nosotros aquí *en el Espíritu*. El Espíritu es singular, y está en todas partes. Es el campo universal que experimentamos como la Luz Primordial. Es el noveno chakra.

Uno de los trabajos del octavo chakra es guiar el crecimiento de nuestro cuerpo mientras estamos en el vientre de nuestra madre y repararlo durante nuestras vidas. Cuando morimos, los siete chakras suben su información al octavo: las historias de cómo amamos, cómo perdonamos, cómo nos hirieron, quiénes nos lastimaron, todos los relatos de «yo soy ________». El octavo chakra es como un huevo de oro, que estalla con toda la información o las impresiones de nuestro pasado. Este huevo radiante busca la familia en la que vamos a nacer, donde tendremos la mayor oportunidad de aprender. El octavo chakra selecciona a tus padres, y es una fuerza poderosa que incluso juntará a dos personas para una sola noche de amor con objeto de que puedas nacer a través de ellas. Es un proceso inconsciente. No tienes elección acerca de dónde, cuándo o en qué familia vas a nacer.

Es decir, a menos que seas un *laika* o un lama del Himalaya.

Por eso es tan importante que aclaremos las impresiones de nuestro campo energético, para que podamos romper el ciclo del renacimiento inconsciente en familias disfuncionales donde aprenderemos a través del dolor y el sufrimiento.

Los *laika* eran los hijos de la luz. Pero también nosotros lo somos. La única diferencia entre un *laika* y una persona corriente es que la Luz Primordial fluye a través de ellos sin distorsión. Podían elegir el momento y el lugar de su regreso. Se salieron del tiempo y esperaron el momento adecuado para nacer. Al haber llevado con ellos su consciencia más allá de la muerte, siguieron acumulando poder y sabiduría mientras se hallaban en el estado de campo. Para ellos estar vivo o muerto era lo mismo; eran inmortales. No tenían prisa por nacer en un momento en que los conquistadores estaban cazando a las brujas y encarcelando a los *laika* o, peor aún, torturándolos despiadadamente. ¿Por qué desperdiciar una encarnación preciosa?

Los demás permanecimos en el río del tiempo, en nuestro estado de partículas, seguimos naciendo y muriendo. Estábamos –y estamos– atrapados en un ciclo, incapaces de llevar nuestra consciencia con nosotros más allá de la muerte, y apenas logramos mantenerla durante esta vida. Mientras tanto vamos gastando las nueve vidas, vida más vida menos, que nos corresponden.

Tengo miedo de morir. Mitigamos nuestro temor con la creencia de que lo que hacemos en nuestro estado de partículas –las diversas maneras en las que nos ocupamos– importa lo suficiente como para que no muramos.

Pienso en una cita de la película *Troya*. Odiseo afirma: «A los hombres les atormenta la inmensidad de la eternidad. Y así nos preguntamos: "¿Tendrán eco a través de los siglos mis acciones? ¿Oirán los extraños mi nombre, mucho después de que me haya ido, y se preguntarán quién era, lo valientemente que luché, lo apasionadamente que amé?"».

Y a esas preguntas respondo, en última instancia, no; a menos que despertemos del sueño de la permanencia, nos hagamos amigos de la muerte y de nuestra propia mortalidad y descubramos el verdadero significado de nuestra naturaleza infinita.

¿A DÓNDE VAMOS A PARTIR DE AQUÍ?

Vemos que la vida se acaba, para los animales, las plantas, los demás. Pero de alguna manera, en nuestro sueño de permanencia e inmortalidad, estamos convencidos de que la muerte nunca nos tocará. Durante la adolescencia, la mayoría somos incapaces de comprender que vamos a morir. Bebemos muchísima cerveza y conducimos a toda velocidad por una carretera resbaladiza con un grupo de amigos que nos animan a correr. ¡Y no hay problema! Estamos seguros de ser inmunes a la muerte.

Es como envejecer. Sabemos que todo el mundo envejece, pero nos sorprendemos al mirarnos en el espejo y encontrar una arruga o unas canas que ayer no estaban allí. Tiene que haber un error. Se supone que esto no me va a suceder a mí.

Pero te sucede.

Todos los logros de la humanidad –desde las pirámides de Egipto hasta los magníficos templos de Machu Picchu, pasando por nuestros modernos rascacielos– pueden verse como un intento fantástico de aliviar el temor a nuestra mortalidad. Incluso hay una escuela de filosofía que afirma que todas las grandes obras arquitectónicas de la humanidad son un intento de mitigar el golpe de la muerte. Es como decir que la muerte puede reclamarme pero mis obras sobrevivirán.

Cuando era muy niño, le pregunté a mi abuela: «¿A dónde vamos desde aquí? ¿A dónde voy a ir?».

Me aterraba dejar de existir, que Alberto ya no estuviera, que ya no volviera a ver a mi perro después de su muerte. Incluso a esa temprana edad quería sobrevivir más allá de esta vida.

Los legados los pueden disfrutar otros en el futuro, otros a los que podría o no interesarles la historia de quién hay detrás de un edificio o una obra de arte que siguen vivos. Crear algo para la posteridad es comprensible. ¿Quién no querría ser recordado para siempre? Pero el sueño de permanencia nos impide experimentar el aspecto más bello de la vida, que es su fugacidad. Algunas mariposas viven solo un día. Algunos cactus florecen únicamente durante unas pocas horas en la noche. Y esto es lo que los hace tan exquisitos. Un momento de sol en la cara, el desayuno con un ser querido, la sonrisa de un niño. Este momento no volverá a ocurrir. Este aliento que estoy tomando es precioso porque existe en mí solo durante un instante. Si pasamos gran parte de nuestro tiempo preocupándonos por lo que traerá el futuro y por si dejaremos un legado adecuado a nuestro exagerado sentido del yo, no apreciaremos los momentos de nuestros valiosos días.

Cuando transformamos el sueño de la permanencia, podemos amar el instante y estar presentes en el momento sin miedo. Incluso podemos hacer de la muerte nuestro gran aliado, dejando que nos recuerde que somos conscientes de lo que estamos experimentando ahora y no perdiéndonos en sueños de mejores días por venir en los que conseguiremos una recompensa por todo nuestro arduo trabajo y sacrificio.

Los chamanes del Himalaya, y más tarde los budistas del Tíbet, creyeron en transformar el sueño de la permanencia y ofrecieron enseñanzas sobre la impermanencia y el llevar nuestra conciencia más allá de la muerte. A esto lo llamaron el *phowa*.

DESPERTAR DEL SUEÑO Y TRANSFORMARLO

Para despertar del sueño de la impermanencia, tenemos que descubrir cuál es nuestro propio proyecto de inmortalidad y desprendernos de él: arrojarlo al fuego.

Esto lo conseguimos haciéndonos la pregunta «¿quién muere?».

Alberto morirá.

Alberto volverá a la tierra en este cuerpo, que es alrededor de un sesenta por ciento agua y que está formado de setenta billones de células, de las cuales cuarenta billones pertenecen a las bacterias que viven dentro de mí (la flora en el intestino y la piel). Se convertirá en alimento para millones de microbios, pasará a ser parte de la tierra y los árboles, de las montañas y los arroyos.

Alberto no permanecerá. Morirá.

Perderé este nombre como perdí muchos otros por los que me llamaron. Me desprenderé de esta historia como me desprendí de todas las demás que traté con tanto cuidado de preservar, arreglar, enmendar, saborear y gozar todo el tiempo que pude.

Pero mi luz persistirá. Esto es lo que se conoce como el *cuerpo luminoso*. Es el octavo chakra. Continuará en un viaje al infinito, uno con la Luz Primordial pero no perdido dentro de ella; no se desvanecerá.

Nunca volverás a ser quien eres en este momento. Al final de tu vida tu cuerpo luminoso se separará de tu forma física e iniciará la tarea de reexaminar las historias de tu pasado. Empezarás por llamar a aquellos a los que amaste y a aquellos a quienes hiciste daño para despedirte, para ofrecerles tu perdón, para intentar decirles que los amas y los perdonas.

Es importante destacar que desde el estado de campo es muy difícil decir «te quiero» o «te perdono». Es mejor decir esto mientras todavía tienes un cuerpo físico, mientras te vas desprendiendo de tus historias y transformas el sueño de la permanencia.

Las historias de las que no te liberes mientras vivas te seguirán atormentando después de morir. Por eso es tan importante transformar en su totalidad el sueño de la seguridad. Así reconocerás que no eres ninguna de esas historias y que ninguna de las historias terribles de tu vida dejó huella en ti, porque aunque eran reales, no eran verdaderas.

La próxima vez que eches un leño al fuego, observa cómo las llamas liberan las bandas de luz solar que envolvieron el tronco del árbol mientras la Tierra giraba alrededor del Sol. Del mismo modo, cuando morimos también liberamos nuestra luz. Nuestros cuerpos físicos, las cenizas, regresan a la tierra. Lo que perdura es nuestra luz.

Y, para dejar las cosas claras, no tenemos un cuerpo de luz. Es lo contrario. Nuestro cuerpo de luz tiene un cuerpo físico que habita durante el corto tiempo que estamos en este planeta. El «yo soy» perdura. No como atributos, características, logros. Sino como esencia. Como un huevo luminoso, tu octavo chakra, libre y desprendido de todas las impresiones que te conducen forzosamente a otro nacimiento y a una vida cargada de trágicas historias de amor, pérdida y desesperación.

Espera un poco. ¿No suena esto como la historia que los conquistadores les contaron a los indios? ¿No es exactamente como el cielo cristiano? Bueno, sí y no. En primer lugar, los indios no podían entrar en el cielo cristiano porque era un hecho bien conocido que en el siglo XVI ni los indios ni las mujeres tenían alma. Predicar a los indios se consideraba una especie de deporte, ya que para salvarse se necesitaba un alma. Por cierto, esta fue también la excusa que se usó para hacer trabajar a los indios en los campos como animales, ya que al igual que estos, carecían de alma.

En segundo lugar, las puertas del cielo cristiano estaban cerradas a los no cristianos.

En tercer lugar, se abrirían solo al final de los tiempos, tras el Día del Juicio al final de los días.

Los *laika* pensaron que eso sería esperar mucho.

Y por último, los *laika* no iban a ninguna parte después de morir, iban a *todas partes*.

¿Cómo sé que esta idea no es solo otro proyecto de inmortalidad, menos complicado que cualquiera de los otros, pero esencialmente otra manera de evitar enfrentarse a la muerte?

¿Cómo sé que estas enseñanzas no son sencillamente la religión con una apariencia distinta?

Muy fácil. Puedes descubrirlo por ti mismo, y esto cambiará por completo tu vida. No tienes que aceptar la palabra de nadie. Puedes verificarlo si te decides a hacer el experimento. A este experimento se le llama de muchas formas, entre ellas meditación.

Muchos intentamos meditar y luego lo dejamos. Estábamos muy ocupados. ¿Por qué estábamos demasiado ocupados para dedicarle unos minutos al día? Una razón es que cuando dejamos de estar ocupados aunque solo sea durante unos momentos, nos enfrentamos a la realidad de que el tiempo se nos está acabando.

Cuando comiences a meditar, posa tu mente en un solo punto, como una flor o una vela, en tu aliento o en cualquier otro objeto de enfoque, según la técnica que prefieras emplear.

Después de un tiempo, deja que estas preguntas surjan naturalmente: «¿Qué muere?» y «¿Moriré?».

Al principio te harán sentir fatal: tal vez triste, arrepentido y enojado. Pero al poco tiempo de hacértelas o, mejor aún, de que surjan por sí mismas, porque las preguntas son inevitables, experimentarás una extraordinaria sensación de alivio.

Si esperas el tiempo suficiente a que aparezcan las respuestas, descubrirás tu naturaleza infinita, la que nunca entró en la corriente del tiempo, nunca nació y nunca morirá. La meditación es una práctica universal, que se da en cada cultura pero que se ha perfeccionado en Oriente.

Los *laika* desarrollaron una forma de meditación llamada detener el mundo. Se sentaban en silencio en medio de la naturaleza en un día radiante o tormentoso y se decían a sí mismos: «Soy mi aliento». Inspiraban y seguían su respiración a lo largo del cuerpo, espiraban y seguían su respiración mientras esta se unía a las montañas y el viento.

Por último, se convertían en su aliento y eran capaces de cabalgar el viento hacia cualquier lugar que eligieran, para visitar en su imaginación las cuatro esquinas del globo.

Pruébalo, si puedes reservar un tiempo para hacerlo. Y si no puedes dedicar tres minutos al día a este experimento, probablemente estés demasiado ocupado para planificar tu próximo viaje al infinito.

«Soy mi aliento».

Sigue cada respiración mientras inspiras profundamente, haciendo una pausa al final de la inspiración y descansando tu mente ahí durante un momento. A continuación, sigue tu aliento en la espiración, haciendo una pausa durante un instante cuando vuelve a transformarse en una inspiración.

Esta práctica te ayudará a descubrir la belleza de la impermanencia. Es lo que hace que la vida sea bella. Esa flor en la que te fijaste ayer por la mañana ya se ha marchitado. La nieve de las montañas pronto se derretirá y regresará al mar.

Nunca más volverá este aliento, este beso, este pensamiento o esta risa.

Recuerda: cuando despiertas del sueño de la permanencia, descubres que hay vida en la muerte y muerte en la vida. Qué maravilloso.

Descubres tu naturaleza infinita.

CAPÍTULO 8

TRANSFORMAR EL SUEÑO DEL AMOR QUE ES INCONDICIONAL: DESCUBRIR LA VALENTÍA

Todos queremos que nos amen incondicionalmente y buscamos esto durante toda nuestra vida. Pero el amor de los demás viene siempre con una larga lista de condiciones.

Hace algunos años, le pedí a don Manuel que me hablara del amor, porque nunca había visto a su gente mostrar afectividad como hacemos en Estados Unidos. Por lo que había observado, los indios no se tomaban de la mano ni se besaban en público, aunque las madres adoraban a sus bebés, a quienes llevaban encima envueltos en telas. Pero no tenía ni idea de lo que el amor significaba para los adultos.

Estábamos en el segundo día de nuestra excursión al monte Ausangate y habíamos levantado el campamento por la mañana temprano. Yo montaba a Hirshell, un caballo que le compré a mi hija cuando era un poni y ella tenía seis años. Me había asegurado de alimentarlo bien y de que tuviera bastante heno durante el invierno, y se había convertido en un animal fuerte y lustroso de un metro y medio de altura. Don Manuel caminaba a mi lado; se negaba a cabalgar, ya que el caballo era el animal de la conquista. Más tarde, tras cumplir los ochenta años, cuando subir a las aldeas q'ero ya era una tarea demasiado ardua para él, cambiaría de idea.

–El amor es solo para los valientes –dijo–. Francamente, te recomiendo que te mantengas alejado de él. Eres demasiado blando para aguantar el amor durante mucho tiempo.

Le dije que no estaba de acuerdo y le expliqué que me había enamorado muchas veces en mi vida y que conocía el dolor y el éxtasis de los sentimientos.

–Eso no es amor, es romance. El amor es como un molino –me explicó, señalando la entrada de una deteriorada cabaña de adobe.

Delante de la casa había un batán, una piedra plana con una concavidad poco profunda en ella que había sido usada por sus dueños como molino para moler el maíz. El asa en forma de luna, la uña, había desaparecido. Estábamos en una hacienda abandonada que prosperó tal vez cincuenta años antes. El tejado de la estructura se había derrumbado hacía tiempo, los vecinos se habían llevado las baldosas de arcilla y todo lo que quedaba eran las paredes desmoronadas.

–Todos los que vivían en esta hacienda se marcharon, los pozos se secaron, la tierra está seca. Lo único que queda son las paredes de tierra, y también se derrumbarán pronto.

–¿Y por qué el amor es como un molino? –le pregunté al anciano.

–Mi tío abuelo trabajaba en esta granja. Era peón de los dueños. Volvía a nuestras aldeas en el verano y nos informaba sobre las actividades de los *viracochas*. Él y otros antes que él trajeron consigo la enfermedad. Gracias a él estamos vivos hoy.

Recordé cómo los conquistadores derrotaron a los incas con «armas, gérmenes y acero», como explica Jared Diamond en su brillante libro del mismo título. El «germen» principal era la viruela, que causó la muerte de millones de nativos americanos. Los q'ero se volvieron resistentes a esa enfermedad después de que viajeros como el tío abuelo de don Manuel la llevaran a los pueblos de montaña y los sobrevivientes desarrollaran la inmunidad. A pesar de que su pueblo no había tenido ningún contacto con los occidentales, fueron azotados durante siglos por las enfermedades de Occidente.

–Pero ¿qué hay del amor...? –repetí.

–Somos gente del maíz. Así es como hemos prosperado durante miles de años. –Se metió la mano en el bolsillo y sacó unos cuantos granos de color morado–. Tenemos cientos de variedades: azul, negro, amarillo, rojo... y somos como el maíz. El amor viene a cosecharnos y nos arranca de la cáscara seca, que se usa para alimentar a los cerdos. Cada grano está lleno de luz. Pero hay que liberar su luz interior. Así que llevamos el maíz al batán.

»El amor te muele –explicó–. Te abre y te saca de la cáscara, de manera que ya no reconoces quién eres. Te vuelves como un polvo fino que el viento puede llevarse si no tienes cuidado. Luego el amor te mezcla con un chorrito de agua de manantial y te golpea, te amasa y después te coloca sobre una piedra calentada a fuego para hornearte, para que puedas llegar a ser como el pan de maíz en la fiesta sagrada de Inti Raymi.

–Lo he vivido –le mencioné a don Manuel. Estaba pensando en mi divorcio reciente y en lo doloroso que había resultado. Había sentido el calor del fuego y me habían achicharrado las llamas.

Un viento del noreste comenzó a soplar una nube de polvo en nuestra dirección.

–Tú sabes poco sobre el amor –dijo–. Eres como un grano de maíz que estuvo demasiado cerca del fuego y explotó, igual que una *canchita* (palomita de maíz).

»Eres orgulloso, tienes tu título y un puesto en la universidad, estás escribiendo un libro. Todos estos trabajos importantes te alejan del amor. Cuando estés listo, el amor vendrá y te separará de tus tareas, que son tu cáscara, y te molerá para que el Espíritu pueda amasar a un nuevo ser. El amor te cocerá hasta que empieces a estar un poco crujiente por los bordes, como el pan de maíz. Todo lo demás es romance.

–No estoy de acuerdo –dije, mientras desmontaba de *Hirshell* y lo tomaba por las riendas.

–Por supuesto –respondió el anciano–. Crees que necesitas a otra persona, una mujer, para encontrar el amor, y sigues buscando a la mujer adecuada. Pero el amor está aquí. –Se tocó el corazón con el puño cerrado–. El amor es lo que permite al guerrero luminoso vivir sin enemigos en este mundo o en el otro. Eso no significa que no tengas batallas. A veces los conflictos son inevitables. Esto es útil cuando estás visitando el mundo invisible y te encuentras con adversarios que es mejor esquivar.

»Sé que te divorciaste recientemente –continuó–. Y que la mujer que una vez amaste con todo tu corazón se transformó en la persona que puso a tus hijos en contra tuya. En tu enemiga.

«Eso ya no es cierto», pensé para mí. Había superado esa fase; ahora solo me sentía triste y apenado por mi pérdida.

–Hablando de las batallas y de evitarlas, ¿qué pasa cuando te encuentras con criaturas desagradables en uno de los submundos chamánicos? –le pregunté.

–Las amas –respondió–. Una vez que has sido horneado por el fuego del amor, puedes ofrecerles un banquete de tu propia luz. No poseen defensas contra el amor, y tú ya no tienes nada que necesites defender, ni siquiera tu vida. Pero esto solo puedes hacerlo después de darte cuenta de que no se pueden llevar tu luz, que es infinita, porque es la Luz Primordial.

»Entonces podrás amar a tu prójimo como a ti mismo –sonrió–. Tu maestro me enseñó eso también. Creo que es una buena máxima, ¿no? Pero si quieres una práctica *laika*, trata de amar a tu enemigo como te amas a ti mismo. Cada mañana, cuando el sol sale sobre el horizonte, rezo una oración por los conquistadores.

»Eso es amor. Todo lo demás es trueque, como en el mercado donde las mujeres venden verduras. Te doy patatas, me das zanahorias.

Habíamos llegado al borde de una meseta, y podía ver el río bajo nosotros a unos trescientos metros. Tendríamos que bajar con nuestros caballos por un sendero rocoso escarpado hasta el lecho del río.

–Pero ¿qué sucede si no quiero convertirme en pan de maíz? –le pregunté a don Manuel. Fuera por lo que fuese, la imagen no me resultaba muy atrayente, aunque me trajo a la mente la poesía de Rumi en la que dice que el amor te dejará hueco por dentro y te volverás como una caña para que el viento sople a través de ti tocando la música divina. Lo de la caña hueca sonaba mucho mejor que lo de la tortilla de maíz.

–Pues que te pudrirás en la cáscara –respondió el anciano–. O te convertirás en comida para los pájaros.

La uva debe transformarse en vino. De lo contrario, se pudre en la vid.

EL PRIMER AMOR

El amor es la emoción más poderosa que sentimos, incluso más potente que el miedo. Desde la infancia, muchos aprendemos que el amor es algo que tenemos que ganarnos. Para sobrevivir durante nuestra niñez, aprendimos la música con la que debíamos bailar para recibir aprobación y reconocimiento. A medida que crecíamos, nos encantaba oír a nuestro padre decir: «Estoy orgulloso de ti», y nos esforzábamos aún más por volver a escuchar esas palabras. Eso nos hacía sentir bien. Y luego queríamos más.

Como el amor es una fuerza tan poderosa, cuando en nuestros primeros años aprendemos a asociarlo con la aprobación, haremos casi cualquier cosa por conseguirlo. Para poder obtener la aprobación, que consideramos amor, de aquellos que nos gustan o a quienes admiramos, haremos cosas en las que en realidad no creemos y traicionaremos nuestros valores de una manera que más tarde nos parecerá despreciable.

Cuando era niño creía que la cantidad de amor que había en mi familia era limitada, que estaba racionado y teníamos que competir por él o pagar un precio costoso con nuestro comportamiento para obtenerlo. Mi hermana hacía su número de la bailarina. Al parecer con eso ganaba más puntos que yo con mi colección de lagartos.

Mi padre solo me dijo una vez que estaba orgulloso de mí, y en ese momento no creí que lo dijera en serio porque me sonó falso. Durante muchos años me sentí despechado. Posteriormente, después de que falleciera, aprendí a apreciar sus palabras. ¿Cómo podría estar orgulloso de mí cuando yo no estaba contento conmigo mismo?

Nos ocurre a todos. Nuestro amor se vuelve condicional, satisface la necesidad de saber que soy real, que existo y que estoy bien. Más tarde descubrimos que podemos controlar a los demás reteniendo nuestra aprobación y exigir pagos rigurosos a cambio de una mirada o una palabra de afecto. Es asombroso lo pronto que los bebés descubren que pueden controlar su mundo con una rabieta. ¿Has conocido alguna vez al hijo de tres años de un amigo que sea el «matón» de la familia, capaz de controlar el estado de ánimo de todos solo con un ceño fruncido o una sonrisa?

Nuestra educación se ha forjado a base de un amor acompañado de una larga lista de condiciones, que suelen estar justo bajo la superficie. El amor que aprendiste de unos padres que no estaban en contacto con sus propios sentimientos y de unos adultos atrapados en el sueño de «estoy enojado, solo, hambriento o asustado» no es el verdadero amor.

TRANSFORMAR EL SUEÑO

Para transformar el sueño del amor que es incondicional es necesario que descubras la valentía. Los tres pasos siguientes harán que te vuelvas osado:

- Renuncia a la fantasía de encontrar tu media naranja.
- Quiérete tal y como eres, incluso con tu parte más desagradable.
- Renuncia a la idea de un Dios que te ama solo cuando haces «lo que está bien».

Echemos un vistazo a cada uno de estos pasos.

En primer lugar, *has de poner fin al hábito de buscar tu media naranja.* Este hábito se encuentra tan profundamente arraigado que incluso después de casados seguimos rastreando el horizonte por si acaso aparece de pronto la persona con quien de verdad estábamos destinados a compartir nuestra vida. Y si aparece, y os miráis a los ojos y os reconocéis, lo arriesgarás todo, incluido tu matrimonio y tu familia, para unirte a ella en un viaje a un reino de pesadilla.

Suele tratarse de alguien a quien hiciste daño en una vida anterior y a quien te sientes irresistiblemente atraído con objeto de enmendar, solucionar y reparar ese infortunio. Cuando vuelves a encontrártelo en esta vida, tienes la impresión de conocerlo desde siempre (así es) y te parece que llevas esperándolo toda una vida (también es cierto) y que por fin has encontrado a alguien con quien serás feliz (¡qué equivocación!).

Estoy convencido de que esta es la razón por la que los monjes y las monjas hacen un voto de celibato: eligen dejar de aprender y crecer a lo largo de la peligrosa senda de ese tipo de amor en el que te enamoras o te desenamoras. Mientras tanto, el resto de nosotros seguimos buscando esa pareja con la que encajamos a la perfección, esa alma gemela que nos entiende maravillosamente, que nos conoce mejor de lo que nos conocemos a nosotros mismos.

Los *laika* creen que nos reencarnamos para aprender lecciones específicas y para servir. Nos sentimos irresistiblemente atraídos hacia aquellos con los que no logramos aprender una lección en el pasado.

Una de las experiencias más extrañas que he tenido con esto fue un cliente cuya salud se había deteriorado muy rápidamente. Bruce tenía treinta años y era un empresario próspero. Comenzaron a dolerle todas las articulaciones unos cuantos meses antes de que nos conociéramos y apenas podía levantarse de la cama por las mañanas.

Muchos de los miembros de su familia murieron en el Holocausto, entre ellos su abuela Sitka. En nuestras sesiones de terapia, expresó su rabia hacia los nazis y las atrocidades que cometieron contra su familia. Explicó que había empezado a soñar con ella de forma recurrente y que había decidido visitar el campo de concentración de Polonia donde fueron internados. Era un campo de trabajo, en el que los prisioneros hacían trabajos forzados, y cuando estaban demasiado débiles para trabajar, los eliminaban.

Cuando Bruce llegó al campo, le mostraron las fosas comunes donde habían enterrado a los prisioneros. Pasó mucho tiempo orando en uno de los sitios en donde creía que podían encontrarse los restos de su abuela. En su estado de ensoñación, sintió a Sitka cerca de él; le consolaba y le decía que todo estaba bien.

Esa noche, de vuelta a su hotel, tuvo un sueño en el que se le apareció su abuela y volvió a llevarlo al campamento. Ella tenía veintitantos años, pero estaba demacrada y enferma. Había obreros cavando una larga trinchera con sus propias manos. Era invierno y estaban tiritando de frío. Después alinearon a Sitka y a otra docena de prisioneros al borde de la trinchera y un joven soldado de las SS le disparó en la cabeza. En ese momento Bruce dejó de ser el observador y sintió que se convertía en el oficial nazi que sostenía la pistola en la frente de la mujer y apretaba el gatillo.

Fue entonces cuando se despertó bañado en sudor. Y creyó que podía oír la voz de Sitka diciéndole: «Está bien, todo está perdonado...».

Poco después de este incidente Bruce descubrió que su dolor había desaparecido. Vino a mi consulta y me explicó su descubrimiento de que en su anterior vida había sido el oficial nazi de las SS que ejecutó a su abuela, y sintió que ella lo había perdonado. Tenía la impresión de que su viaje a Polonia había sido exactamente la curación que necesitaba para aprender la lección de esa vida pasada.

Hay muchas otras explicaciones posibles para la curación de Bruce; sin embargo, él estaba convencido de que tenía que ver con una vida anterior y con la ironía de ser una reencarnación de la persona del pasado que más despreciaba.

No es raro que nos veamos arrastrados a una relación amorosa con alguien que herimos en el pasado lejano para tratar de encontrar la curación. El problema es que en lugar de curar una herida antigua, la mayoría de las veces terminamos volviendo a herirnos mutuamente. Quien un día te quemó en la hoguera por tus creencias en un Dios cristiano o pagano, y a quien confundes con tu amado, termina prendiéndote fuego una vez más. Y te preguntarás por qué sientes que la relación te asfixia.

Cuando estés seguro de haber conocido a tu pareja ideal, tu media naranja, y cada célula de tu cuerpo tiemble de emoción, huye tan rápido como sea posible. A no ser que estés listo para recibir otra lección de la escuela de tormentas emocionales.

Hay muchas otras personas en nuestras vidas además de nuestra media naranja: parejas y exparejas, familiares, compañeros de trabajo, amigos y conocidos. Tenemos que renunciar al sueño de un amor perfecto e incondicional con todos ellos, a partir de nuestros padres. Nunca tenemos los mejores padres, sino los padres adecuados para nosotros. Tampoco tenemos el mejor cónyuge, sino el cónyuge apropiado. Cuanto antes lo reconozcamos, antes podremos pasar a compromisos más interesantes con el mundo.

Aprender a querer a quienes no siempre apruebas o con quien no necesariamente estás de acuerdo es difícil, pero estos suelen ser nuestros mejores maestros. Nos ponen un espejo delante para que podamos ver en ellos partes ocultas y desatendidas de nosotros mismos. Si puedes querer a quien saca lo peor de ti, descubrirás que ya no tienes que ser como el mono de un organillero actuando en público a cambio de una muestra de amor o admiración.

¿Quiénes son las personas que menos apruebas, con las que peor te sientes? Probablemente descubras que son los miembros de tu propia familia, los que votaron al candidato equivocado para la presidencia. Por eso son tan difíciles las reuniones familiares, pero nos ofrecen una gran oportunidad para amar a aquellos con quienes no estamos de acuerdo e incluso a los que nos negaron su amor cuando lo necesitábamos.

En cuanto a tu media naranja, acepta que nunca encontrarás a ese ser hecho a tu medida para satisfacer tus exigencias sentimentales. No existe. Pero ten presente que puedes convertirte en la pareja adecuada. Esto solo ocurrirá cuando dejes de buscarla.

El segundo paso que debes dar para descubrir la valentía y poner fin al sueño del amor incondicional es *quererte tal y como eres, incluso con tu lado más imperfecto*.

Esto es realmente duro, ya que eres el único que de verdad, realmente, sabe el desastre que eres. Sabes cuántas veces le has dado la espalda a la oportunidad, cómo te encogiste de miedo cuando podrías haberle echado valor. Mírate sin miedo. Eres como eres. Respira hondo y acepta que para bien y para mal, eres tú. Nadie más te dará este tipo de aprobación «incondicional» sin hacerte pagar un precio altísimo.

Puedes pasar una infinidad de horas en terapia tratando de entender por qué no te quieres, por qué te criticas tan duramente, por qué tu padre no te expresó nunca su amor, por qué te rechazan tus hijos. Pero diseccionar el pasado no te hará amarte a ti mismo.

Ama esa parte de tu cuerpo que realmente te molesta: esa nariz torcida, esos michelines en la barriga, esa papada... Cuando tú la ames, otros llegarán a amarte por completo también.

Analizar tu niñez solo te servirá durante un breve período de tiempo. Luego deberás reunir el coraje y la determinación para seguir adelante con la vida, y con el amor, comenzando por ti. Empieza por aceptar tus defectos y fallos, ama cada nueva arruga que veas en el espejo por la mañana (de acuerdo, sé que esto es difícil...) y tómate todo lo que te sucedió en la niñez y en el resto de tu vida como una lección y un regalo. Solo entonces podrás dejar de fingir ser quien no eres. Puedes soltar por completo la máscara de perfección y la máscara de tonto del pueblo. Ambas son falsas; son el disfraz que adoptamos para escondernos de nosotros mismos y evitar que el mundo nos vea como realmente somos.

Muéstrate con toda tu belleza imperfecta. Ya no ocultas nada ni al mundo ni a ti mismo. Prueba esto: cuéntale a alguien un incidente vergonzoso que has ocultado durante mucho tiempo, algo que te dé mucha vergüenza. Tan pronto como deje de importarte que sea un secreto, a nadie más le importará. Por favor, no malinterpretes esto como un permiso para contarle tu horrible pasado a todo el mundo, ya lo hacemos de sobra. Sencillamente revela un incidente que muestre tu belleza imperfecta.

¿De qué manera se ama uno a sí mismo? Cuando estés solo, prepárate una comida suculenta. Piensa que tienes un huésped celestial que ha venido a darse un banquete: ¡tú! La próxima vez que estés solo y tengas hambre, no te hagas un simple bocadillo, prepárate un festín con comida sana. No tiene por qué ser nada complicado. Enciende una vela, coloca algunas flores, saca las servilletas de lino, ten presente que eres tú el que estabas esperando y que vienes a cenar esta noche.

Vístete como si te amaras, come como si te amaras, perdona como si te amaras, actúa como si te amaras. El amor incondicional es un hábito que hay que desarrollar. Es imposible alcanzarlo rumiando las razones por las que no puedes. La manera de lograrlo es acabar con el hábito del amor condicional, que es el tipo de amor que aprendimos mientras crecíamos. Cuando te amas incondicionalmente, acabas con ese hábito.

Cuando llegues a ese punto, estarás listo para el tercer paso que te lleva a descubrir tu valentía: *renunciar a la idea de un Dios que te ama solo cuando haces «lo que está bien».*

Lo mismo que muchos otros, me eduqué en una tradición religiosa: la católica romana. Aprendí, desde una edad muy temprana, que Dios me amaba, pero... había un problema.

Dios era un padre amoroso que se aseguraba de que obedecieras sus mandamientos, no comieras carne el viernes, obedecieras a tu padre, ayudaras a tu madre y no dijeras nunca mentiras ni robaras galletas del armario de la cocina. Ciertamente, ese Dios que creó tu cuerpo no quería que lo utilizaras para disfrutar de los placeres naturales.

Conozco a una mujer educada en el catolicismo que atribuye el primer cuestionamiento de su fe a una historia que leyó cuando era muy joven. Le encantaba leer la vida de los santos, al menos hasta que leyó la historia de María Goretti. María era sirvienta en una granja italiana a finales del siglo XIX. Un día, cuando trabajaba sola en la cocina, entró un campesino y trató de violarla. En lugar de dejarse, y muy probablemente escapar con vida, se resistió con todas sus fuerzas. El campesino la apuñaló. Ella se convirtió en mártir y fue declarada santa, una de las favorecidas de Dios. Por lo visto este era un Dios que amaba más a sus hijos cuando estaban muertos que cuando estaban vivos.

Todas las religiones teístas enseñan que debes creer en un Dios que te ama solo cuando estás haciendo lo correcto, haciendo sacrificios: incluso matando a alguien o muriendo mártir. Yendo a la guerra del lado de tu Dios: esto siempre me ha asombrado. Recuerdo que leí sobre la Cruzada de los Niños en 1212, cuando cerca de treinta mil niños cristianos de diez a quince años fueron enviados a Tierra Santa para luchar contra los sarracenos y liberar Jerusalén. La mayoría fueron capturados y esclavizados mucho antes de llegar a su destino. ¿No es esto una forma de sacrificio infantil?

Los incas también practicaron el sacrificio humano: sacrificaban periódicamente uno o dos de los niños más hermosos en las montañas sagradas, en un ritual conocido como Kapaq Cocha. Hoy, cuando los altos glaciares andinos se están derritiendo, nos encontramos los restos momificados de estos niños, que en aquel momento eran considerados emisarios enviados a las estrellas para intentar cambiar el destino del Imperio o la sequía que estaba causando una hambruna. Estos sacrificios los realizaba el sumo sacerdote, llamado el Willaq Uma, que no era un *laika* sino un sacerdote de la religión del estado inca.

Para transformar el sueño de un Dios que te ama condicionalmente, que no te acepta con toda tu belleza imperfecta, primero debes experimentar tu conexión con toda la creación, el universo, el Espíritu. Todos somos Uno en Espíritu. La oración lakota de *mitakuye oyasin*, 'todas mi relaciones', expresa el poder de nuestra interconexión con todos los seres.

EL AMOR ES

Cuando ya no necesitas experimentar el amor a través de una pareja, una madre o un niño, cuando puedes amar a la gente con la que no estás de acuerdo y cuando puedes celebrarte a ti mismo con todos tus dones y defectos, cuando ya no es necesario regatear para conseguir amor y puedes disfrutar del amor del Espíritu, tienes amor *incondicional.* En ese momento ya no necesitas nada para ser feliz. Puedes ser feliz sin motivos.

Ahora el *amor* sencillamente es. Lo reconoces como la urdimbre en la que se teje la tela del universo. Tú eres el tejedor, el Espíritu es la lana, el amor, la trama. Mucho antes de utilizar las metáforas de la ciencia (la vibración y la frecuencia), usamos la de los tejedores. La trama son los hilos largos de un telar por encima y por debajo de los cuales se pasan los hilos de la urdimbre para tejer una tela. Incluso los griegos personificaban a las *moiras** como tejedoras que hilaban los hilos de tu destino.

* N. del T.: Diosas del destino que controlan las vidas humanas.

El amor no es solo un sentimiento. Los sabios creían que el amor es la fuerza singular del universo, que toda la creación surge del amor y que todas las cosas hermosas que creaste en tu vida vienen del amor. El amor es una fuerza de la que no puedes escapar, como la gravedad. Es omnipresente pero invisible. Ejerce una atracción irresistible sobre nosotros, nos lleva a actos de valentía y de estupidez que nos resultan inconcebibles. Pero a diferencia de la gravedad, respecto a la cual no se puede hacer nada –no se puede levitar fácilmente, por ejemplo–, el amor es una fuerza que se puede utilizar con la Luz Primordial para cocrear. Cuando descubres esto, puedes dedicarte a soñar el mundo y hacerlo realidad.

LA QUINTA FUERZA

Los *laika* eran observadores consumados de la naturaleza y descubrieron que en toda creación intervenían cuatro poderes. Los físicos modernos también sostienen que hay cuatro fuerzas que gobiernan nuestro universo físico. La primera es la gravedad: todo cae a la tierra. La segunda es la luz, que es la constante universal y la naturaleza de las estrellas. La tercera es el pegamento que mantiene unidos los átomos y las moléculas. La cuarta es el combustible de las estrellas. En física, se las conoce como las cuatro fuerzas fundamentales: gravedad, electromagnetismo y fuerza nuclear fuerte y débil.

Toda la vida, desde la hierba hasta las ballenas, pasando por los insectos y los seres humanos, se propaga por medio del ADN, que está formado por cuatro bases representadas por las letras ATCG.* Hace solo setenta años que descubrimos los cuatro ácidos nucleicos que componen el ADN, por lo que los chamanes de antaño no conocían el lenguaje de la genética moderna. Sin embargo, entendían que todos los seres vivientes, como los árboles, las águilas y los lobos, eran nuestros hermanos. Todos compartimos el mismo código de vida de cuatro letras.

Los *laika* describieron este código universal con los nombres y rostros de cuatro animales espirituales: la serpiente, el jaguar, el colibrí y el águila. Eran espíritus tótemicos a través de los cuales se podía aprender el lenguaje de la creación y participar en la creación del mundo (observa que para los pueblos indígenas el elemento importante es crear, no «el Creador»).

La serpiente sabe cómo desprenderse del pasado y practicar la belleza. La serpiente también te brinda el fruto del árbol del conocimiento, y en la India se la conoce como el poder creativo de la Kundalini. La serpiente mudando su piel es el símbolo de la transformación de las cuatro emociones tóxicas y el descubrimiento del «yo soy».

* N. del T.: A por adenina, T por timina, C por citosina y G por guanina.

El jaguar conoce los caminos que van más allá de la muerte y se adentran en el infinito. Los chamanes del jaguar eran aquellos que habían derrotado a la muerte y permanecían vivos ya fuera en un cuerpo en un nacimiento físico o en el campo, potencialmente en todas partes. El jaguar es el símbolo de la práctica de la valentía.

El colibrí te enseña a embarcarte en el gran viaje, de la misma manera que los colibríes emigran de Brasil a Canadá cada año, a pesar de que no parecen dotados para soportar un vuelo tan extraordinariamente peligroso y arduo. El colibrí te brinda el regalo del coraje, de enfrentarte a tareas que están por encima de tus posibilidades, de asumir desafíos extraordinarios.

El águila te ofrece el don de abrir tus alas y ver la vida desde una altura de tres mil metros con claridad y precisión. Te enseña a colocar el carro delante del caballo, para ver las posibilidades antes de ver las probabilidades y las razones por las que algo podría no funcionar.

Los *laika* describieron a los cuatro grandes animales de poder en su mitología y en sus leyendas. Pero estos animales son mucho más que personajes de cuentos. Los símbolos no solo representan cosas; durante las ceremonias equivalen a esas mismas cosas. El águila no es solo un símbolo de la libertad y el vuelo, porque cuando la invocas de un modo sagrado, te otorga su poder. Escuchamos leyendas de chamanes que, como el águila, eran capaces de volar por el aire, rastrear objetos o individuos perdidos en la selva con la habilidad de los grandes felinos o incluso hacerse invisibles durante un tiempo. Y después de que llegaran a alcanzar la maestría en estas hazañas mágicas, una vez que dominaron los superpoderes que venían con el conocimiento profundo de las fuerzas de la creación, tenían la capacidad de soñar el mundo y hacerlo realidad.

Pero para hacer esto necesitaban aprender la quinta fuerza.

El amor.

LO QUE PUEDES HACER CON EL AMOR

Estaba una vez más con don Manuel en las ruinas de Machu Picchu, la Ciudadela Inca de la Luz. Empezamos la excursión antes del amanecer desde el río que corría más abajo, y era casi de noche cuando pasamos el Templo de la Luna en la mitad de la montaña. Los turistas normales suelen subir en autobús por el camino sinuoso que conduce a la entrada del enclave arqueológico. Pero el mío no era un grupo normal ni estaba formado por turistas. Yo iba con una docena de chamanes y estábamos irrumpiendo en las ruinas para realizar una ceremonia sagrada en los templos construidos por sus antepasados. La ley prohibía a los indios entrar en Machu Picchu para celebrar sus rituales. El gobierno no quería poner en peligro los considerables ingresos que ganaba cada año de los visitantes. ¿Y si los descendientes de los incas quisieran reclamar esas ruinas antiguas?

Prohibir los rituales fomentaba la ilusión de que el sitio tenía solo un interés histórico.

Mi grupo caminaba al amparo de la oscuridad. Yo era el único hombre blanco y el único con una linterna. Era como si los demás pudieran ver a la tenue luz de la luna creciente... o tal vez tuvieran algún sentido interior que yo no poseía. Cuando probé a apagar la luz, tropecé con unas piedras y me caí. Normalmente no me hubiera preocupado mucho por eso; he pasado gran parte de mi vida tropezando por la cordillera de los Andes. Pero eso era peligroso: estábamos caminando por el borde de un acantilado con una caída escarpada de seiscientos metros al río que corría por abajo.

La luna estaba alta en el cielo cuando llegamos al Templo de la Pachamama, una piedra gigantesca apuntalada lateralmente en una plaza. La superficie de piedra parecía trazar el contorno de la cordillera lejana. Los arqueólogos dicen que este era el templo de las Vírgenes del Sol, las *acllas* de Machu Picchu. Nuestra ceremonia se llevaría a cabo en la plaza.

Una de las mujeres trazó un gran círculo en el suelo con un bastón. A continuación don Manuel nos asignó un papel a cada uno de nosotros. Había cuatro posiciones, dispuestas en los cuatro puntos cardinales. Uno estaría en el sur y representaría a la serpiente. A la joven elegida se le entregó una piel aceitada de boa que se colocó alrededor del cuello, como una bufanda. En el oeste, un anciano se echó sobre los hombros una piel de jaguar. En el norte una mujer se puso un manto, un chal con cientos de plumas de colibrí cosidas. En el este, otro chamán se ató a la espalda el cuerpo disecado de un magnífico cóndor.

Comenzó un baile. Uno a uno, por turno, giraríamos en el lugar de la serpiente; a continuación, nos desplazaríamos hacia el oeste y nos cubriríamos con la piel del jaguar; luego al norte, donde nos colocaríamos el manto de colibrí, y de ahí al este, con el cóndor en la espalda. Finalmente, terminaríamos en el centro del círculo.

Observé la sinuosidad con la que se movía la joven de la serpiente; estaba en su propio mundo, bailando con los ojos cerrados, absorbida por el poder de ese animal. Cuando llegó la llamada para rotar, fue incapaz de liberarse de las garras de la sensual serpiente. Don Manuel tuvo que intervenir, se la quitó de los hombros y le roció la cara con agua de flores para traerla de vuelta.

«Es fácil dejarse seducir por el poder de alguno de estos animales –explicó–. En el sur, podemos quedarnos atrapados en el hechizo de lo sensual. En el oeste, el jaguar puede atraparnos con su poder. Y algunos de los *laika* de antaño sucumbieron a la tentación de usar este poder exclusivamente para su propio beneficio. En el norte –prosiguió–, el colibrí puede atraparte en una fascinación contigo mismo de modo que el mundo parece girar a tu alrededor y te conviertes en el centro de la creación. Los colibríes son ferozmente territoriales y pueden olvidar que hay suficiente néctar para todos. Y en el este, el águila o cóndor puede ser atraído por la codicia. El cóndor tiene unas alas tan poderosas que puede volar cientos de metros en el aire con una llama joven, dejarla caer sobre las rocas y volver unos días más tarde para comer después de que haya fermentado. Recuerda, los cóndores no pueden alimentarse de carne fresca. Pero algunos son tan ávidos que escogen la llama más gorda de la manada y tratan de alzar el vuelo con ella, y terminan estrellándose y perdiendo su comida».

Don Manuel me estaba contando que cada uno de los espíritus animales tenía su propio don y sus propias trampas. Cada uno representaba una de las grandes fuerzas del universo, y debías dominar a los cuatro –sin dejar que ninguno de ellos te atrapara– para convertirte en un guerrero luminoso. Entonces tenías que entrar en el centro del círculo y encarnarlos a todos. Y esta era la quinta fuerza, el amor: «El poder del amor es el que organiza las cuatro fuerzas –explicó–. Te permitirá hacer lo aparentemente imposible. Así es como pruebas el poder de tu amor. Eliges una tarea aparentemente imposible y la llevas a cabo. Pero si no tienes una relación apropiada con los cuatro espíritus animales, experimentarás el amor solo como un sentimiento, un sentimiento fugaz. Pasará a través de ti y te dejará vacío, anhelando más».

No lo entendía. Le pedí a don Manuel una explicación. «Encuentra lo que más te cueste amar y ámalo», dijo.

Explicó que su tema de esa noche era enterrar la espada de la conquista y permitir que el árbol de la vida creciera de ella. Amaban a los conquistadores, a los hombres que violaron a sus madres y saquearon sus templos. Les agradecieron las lecciones que trajeron a su gente, por más duras que fueran. Y estaban sanando la maldad de los conquistadores que vivía dentro de cada uno de ellos.

Encuentra lo que más te cueste amar y ámalo.

Esta es la práctica del guerrero luminoso, no vencer a tu enemigo, sino amar lo que es más difícil amar.

Esto se ha convertido en mi propia práctica espiritual.

LIBERAR EL AMOR: DESENCADENAR LA QUINTA FUERZA

Para los chamanes, el amor no es un sentimiento, aunque la mayoría lo vivimos como tal. Es una fuerza. Es lo que la flor siente por el rocío de la mañana, el jaguar por el ciervo que caza para alimentar a sus cachorros. Es el arcoíris después de una lluvia.

El amor es la fuerza que puede ayudarnos a ver la verdad en medio de las mentiras.

Y, por encima de todo, el amor es la Luz Primordial, que es consciente, inteligente y sabia. Podemos interactuar con la Luz Primordial que llamamos Espíritu y nos responde. Este es el acuerdo que los *laika* tienen con el Espíritu. Tú llamas y el Espíritu te responde cada vez que lo haces. Qué extraordinaria relación tenemos con el cosmos (por cierto, el Espíritu no está separado del cosmos. Es el cosmos).

Para adoptar este acuerdo con el Espíritu tenemos que entender que se trata de un contrato que implica a las dos partes. El Espíritu te responde el cien por cien de las veces, y cuando el Espíritu llama, tú le respondes, no el cincuenta por ciento de las veces, ni cuando tengas suficiente dinero o los niños hayan crecido, sino el cien por cien de las veces. Haces acto de presencia ante el Espíritu. Se puede contar contigo para la tarea de crear. La Luz Primordial puede fluir a través de ti sin impedimentos. Te haces responsable.

El único lenguaje que conoce el amor es la verdad. La práctica de cocrear con lo divino es la práctica de la verdad: decir la verdad, escuchar la verdad en las palabras de los demás y ver solo la verdad.

Dejas de buscar la verdad; en lugar de eso, brindas la verdad a cada situación en la que te encuentras. Cuando practicas la verdad perfectamente, todo lo que dices se vuelve verdad, se hace verdad. Así es como sueñas el mundo y lo haces realidad.

Aunque puede que a veces no resulte fácil distinguir la verdad, casi siempre podemos darnos cuenta de cuando algo es falso. Podemos oler una mentira. La sentimos en nuestras entrañas. Y el amor no tolera mentiras. Las mentiras matan el amor, y no hay nada más triste ni más trágico que la muerte del amor. Cuando el amor perece, el universo se queda quieto y sin vida. Y aunque hay muchos tipos de mentiras, solo hay un tipo de verdad.

Es lo que se conoce como la verdad absoluta.

La verdad absoluta es la verdad que puede conocerse pero no decirse. En el momento en que la dices en voz alta, deja de ser verdad: es solo una apariencia de la verdad, una sombra de la verdad absoluta. Nuestra tarea es descubrirla y experimentarla por nosotros mismos.

Los antiguos se servían de los cuatro espíritus animales para descubrir la verdad. Descubrieron que cada uno de los animales totémicos describía un nivel de creación. Creían que la totalidad del cosmos había sido creada en cuatro niveles diferentes y que cada uno de ellos envolvía al que había debajo, como una muñeca rusa, y cada uno contenía una porción de la verdad absoluta.

El primer nivel es el nivel de la serpiente, el mundo material. Es el mundo de las sillas y las mesas y los cuerpos físicos. En este nivel la verdad es todo lo que parece ser. Es el mundo de las apariencias, donde la Luz Primordial es más densa. Todo parece sólidamente real. Es el nivel en el que vivimos la mayoría durante la mayor parte del tiempo, donde llevamos a los niños a la escuela y vamos al supermercado, tenemos discusiones con nuestra pareja y luego nos reconciliamos. En este nivel creo que estoy triste, que estoy hambriento, que estoy solo o que estoy asustado.

El segundo es el nivel del jaguar, el mundo de la mente, los pensamientos, las ideas, la ciencia y la neurosis y el estrés. En este territorio la verdad es que nada es lo que parece ser. La Luz Primordial es menos sólida, se encuentra menos entrelazada con la materia pero está llena de sombras. Tienes que mirar con mucha atención para advertir que el emperador está desnudo,* que hay mucha falsedad en el mundo y que las noticias no son en realidad noticias sino opiniones disfrazadas de hechos. Esto no es nuevo. Siempre ha sido así. Los manipuladores de la verdad lanzan hechizos que tratan de convencerte de que si algo es real, también debe ser verdad, cuando de hecho no es así. En este nivel descubro que «yo soy».

El tercero es el nivel del colibrí, el mundo del alma, del mito y las leyendas. Es el territorio de los sueños en el que entramos cada noche, donde el tiempo pasa de manera distinta y donde nos parece totalmente normal tener una conversación con uno de nuestros seres queridos que falleció hace años. En este territorio la Luz Primordial brilla con fuerza y claridad, y no hay sombras que nos confundan... aparte de la nuestra.

En este nivel la verdad es que las cosas son lo que son: ni más ni menos. La realidad sencillamente es y

* En referencia al cuento de Hans Christian Andersen *EL traje nuevo del emperador*, también titulado *El rey desnudo* en algunos países hispanohablantes. Se utiliza metafóricamente en alusión a una situación en la que una amplia mayoría de observadores decide de común acuerdo compartir una ignorancia colectiva.

comprendes que no tiene sentido luchar contra ella porque siempre vas a perder. Aceptamos que la realidad de nuestra vigilia tiene tanto de sueño como nuestra realidad nocturna, que la vida en verdad es un sueño, y lo aceptamos con naturalidad y facilidad, como hicimos con el sueño en el que navegábamos por el mar a bordo de un galeón. En este territorio es donde más brilla y es más accesible la Luz Primordial, y vemos que la verdadera naturaleza de toda la realidad es luminosa. En este nivel descubrimos que el amor es una fuerza.

Los tres primeros territorios son reales, pero no son absolutamente verdaderos. Solo son relativamente verdaderos, dentro de sus límites. Nuestros sueños son verdad mientras dormimos. Nuestras ideas son verdad mientras están en nuestra mente. Incluso las grandes ideas como la democracia son más bellas como concepto que en la práctica. Y nuestro mundo literal es verdad cuando estamos despiertos y tenemos que llevar a los niños al colegio y entregar nuestro trabajo a tiempo.

Solo el cuarto nivel, el del águila, es verdad en el sentido absoluto. El mundo del águila es el territorio de la Luz Primordial, la naturaleza esencial y fundamental de la realidad. En este territorio todo es fluido y carece de forma. Aquí es donde nace toda la realidad y donde se disuelve de vuelta a la luz. En este nivel descubro la inmensidad de la Luz Primordial y que no soy diferente de ella.

La verdad absoluta del mundo de energía del águila no niega la realidad del mundo de la serpiente, del cuerpo físico. Sigues teniendo que alimentarlo, lavarlo, ejercitarlo y satisfacerlo. Sin embargo, ahora sabemos que no somos solo nuestro cuerpo; que también somos nuestra mente... De hecho, verdaderamente somos más nuestra mente que nuestra forma física. Y no hay nada más pavoroso que la idea de que podríamos perder nuestra mente por una de las enfermedades que hoy en día afligen a tantos.

Conforme prosigues con tu exploración del mundo del Espíritu, descubres que no eres tu mente, sino que eres tu alma. Y aunque tienes una mente, no tienes un alma. Tu alma es la que tiene un cuerpo y una mente. Cuando comprendes esto, comienzas a vivir en el territorio del colibrí, donde las cosas son sencillamente lo que son y lo que siempre han sido.

Cuando entras en el territorio del águila, descubres que tu alma era solo un recipiente luminoso, una taza que te permitía llenarte de Luz Primordial y que organizaba tu ser en un milagro biológico formado de células, bacterias, sangre, hueso y carne. Eres mucho más que tu alma; eres la Luz Primordial del *Ti*.

SOLUCIONAR PROBLEMAS, CAMBIAR EL MUNDO

Cuando quieres soñar el mundo y convertirlo en realidad, tienes que hacerlo a un nivel superior a aquel en el que se creó el problema. Cambias un problema en el mundo físico interviniendo al nivel del jaguar, de la mente, con una idea nueva y revolucionaria. No podemos acabar con la guerra a base de guerra, pero sí podemos acabar con ella con una visión de paz. No podemos crear salud con la medicina, pero podemos hacerlo viviendo de forma más saludable.

Todo lo que sucede al nivel que está por encima de aquel en el que operas parece un milagro. Y después de elevarte al nivel superior los milagros de ese territorio parecen algo corriente.

La mejor manera de solucionar un problema de la mente es desde el nivel que está por encima. Cuando sufres de ansiedad, depresión o estrés, la mejor manera de tratar esto es al nivel del alma, a través de una experiencia de la Luz Primordial. Es sorprendente cuántos problemas psicológicos se solucionan cuando experimentas la inmensidad del cosmos, el lenguaje de la creación y los principios milagrosos que dirigen la totalidad de la vida.

Y cuando el alma te duele, la mejor manera de arreglarlo es al nivel del Espíritu, mediante una experiencia del reconocimiento de que tú y la Luz Primordial no sois diferentes, y de que siempre resides en el infinito.

CAPÍTULO 9

SOÑAR EL MUNDO Y HACERLO REALIDAD

Creo que hay dos tipos de personas en el mundo: los que son soñadores y los que están siendo soñados. No puedes dejar de soñar, porque soñar es la naturaleza de la realidad. Como suele decirse, la vida es sueño. Pero puedes despertar dentro del sueño y empezar a soñar con valentía. Los soñadores son capaces de transformar su experiencia de la realidad. Los soñados solo se quejan de ella, diciendo que «alguien realmente debería hacer algo al respecto...».

Practica la vida consciente dentro del sueño, en la que estás completamente despierto incluso mientras duermes, en lugar de estar completamente dormido incluso cuando estás despierto, que es el estado habitual de la mayoría. El peligro de permanecer dormido es que terminamos dentro de uno de los sueños predeterminados de nuestra época: vivir en un mundo en el que dependemos de la policía y de las comunidades cerradas para estar seguros, donde nos aferramos a la religión y a las listas interminables de cosas por hacer para mantener la muerte a raya y donde el amor nos asusta y nos duele constantemente. O donde nos atormentan los problemas de salud de nuestra familia y envejecemos y enfermamos de la misma forma en que lo hicieron nuestros padres y abuelos.

Despiertos, nos damos cuenta de que la vida es realmente un sueño y que podemos transformarlo, de que podemos soñar con los ojos abiertos y de que tenemos el poder de tener sueños originales.

SOÑAR UN DESTINO DIFERENTE

Imagina que tu vida es una cuerda sólida de luz que se extiende hacia atrás en el pasado a lo largo de muchas vidas. En el ahora, hoy, esta cuerda se divide en innumerables hebras con las que tejes el futuro. Cada hebra representa un posible futuro, uno de tus muchos destinos. Algunos de estos futuros son más probables que otros. Una hebra te lleva a despertar para descubrir que te ha tocado la lotería, pero eso no es muy probable. Sigue otra hebra y verás que te lleva a morir joven por una enfermedad cardíaca. Este futuro es más probable para ti si en tu familia se da esta enfermedad.

Las hebras donde tienes mayor libertad son tu destino. Las hebras donde tu salud o tu vida amorosa han sido elegidas por ti por tu genética o tu educación es lo que llamamos suerte.

La curva de la campana representa la probabilidad de que uno de tus futuros posibles se convierta en aquel que acabas viviendo. Refleja las probabilidades que tienes de vivir un futuro determinado, como en este ejemplo en el que se pueden ver las probabilidades de que alguien se convierta en un deportista de alto rendimiento. El setenta por ciento de la población resultará ser deportista medio, el diez por ciento tendrá un rendimiento muy bajo y el veinte por ciento será excepcional.

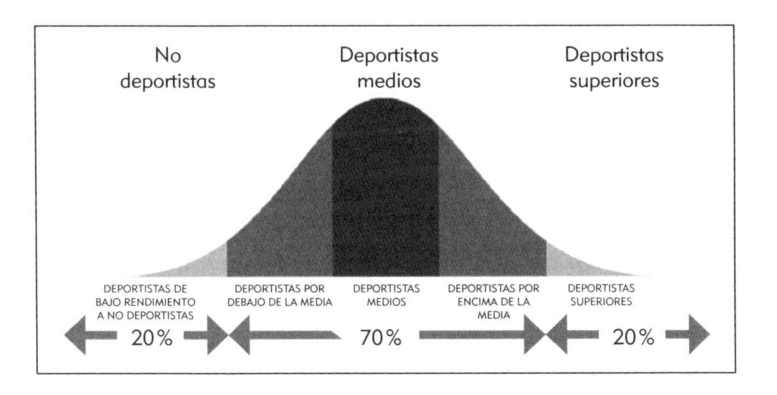

Lo más probable es que tú y yo caigamos en la parte ancha de la curva: tenemos un rendimiento deportivo medio. Si queremos mejorar, tenemos que practicar diligentemente y rediseñar nuestro estilo de vida para poder convertirnos en deportistas excepcionales.

Ahora imagina que esta curva muestra el riesgo de párkinson. El setenta por ciento de la población tiene un riesgo medio de desarrollar esta enfermedad. Si queremos reducir nuestro riesgo, tenemos que diseñar una dieta y un estilo de vida saludables. Lo bueno es que puedes cambiar tu destino eligiendo diferentes estilos de vida y opciones dietéticas de los que tendrías si te resignaras a lo que crees que es tu «suerte».

Cuando sueñas tu mundo y lo haces realidad, escapas de la parte ancha de la curva de la campana. Nadie quiere permanecer estático. Queremos ser excepcionales, vivir vidas extraordinarias. Y queremos envejecer bien y morir de la mejor forma posible. Para eso nos hace falta tomar la decisión consciente de vivir de una manera distinta y mejorar nuestras probabilidades.

Para vivir una vida excepcional, tienes que transformar los sueños que te mantienen atrapado en la mediocridad en el centro de la curva de la campana, repitiendo las pesadillas de tu historia familiar.

Los *laika* hablan de un libro de plata con el que todos nacemos, uno en el que está escrita la complicada historia de nuestra vida. En este libro nuestra suerte está echada y el argumento de la historia no es original. Cuando tomas la pluma y empiezas a escribir en el libro dorado, comienzas a soñar un destino original al que no tenías derecho al nacer.

La manera más poderosa de empezar a escribir el libro dorado de tu vida es practicar la entrega. Pregúntate:

«¿Cómo puedo dar? ¿Cómo puedo brindar belleza y sanación a los demás? ¿Cómo puedo practicar el servicio a todos los seres?». Evitas la vida en la que te jubilas pronto, ganas la mayor cantidad de dinero o tienes la casa más grande, porque esa vida es un callejón sin salida.

Puede que este sueño no sea el más fácil de manifestar. Al contrario, estos sueños a menudo están llenos de pruebas. Si eliges el sueño que lleva a la cumbre de la montaña sagrada, tendrás que vadear ríos revueltos, te perderás en el bosque y caminarás por el borde de un precipicio. Si eliges el sueño que lleva a la pradera donde pastan las vacas, mirarás con anhelo a la montaña lejana y sentirás el impulso de ponerte a prueba, pero estarás demasiado ocupado raspando el estiércol de vaca de tus botas para avanzar hacia tu vocación.

Los griegos creían que había tres *moiras* que decidían tu destino cuando nacías. Cloto hacía girar el hilo de tu destino, mientras que su hermana Láquesis te lo entregaba y la tercera hermana, Átropo, cortaba el hilo con sus tijeras. La longitud del hilo determinaba la duración de tu vida. Las *moiras* eran deidades, y no había manera de cambiar la fortuna: solo podías llegar a aceptar tu suerte en la vida y llevar tu carga con la mayor dignidad posible.

El chamán cree que cuando te conviertes en el autor del libro de oro, dejas de ser un personaje del sueño en espera de un guion que no escribiste. Eres el hilador maestro de tu destino. Puedes cambiar cualquier cosa, siempre y cuando lo hagas desde un nivel superior a aquel en que lo observas.

DE LOS TRES SUEÑOS A UN SUEÑO SAGRADO

Recuerda que el universo te confirmará cualquier sueño que tengas sobre la realidad.

Transforma los tres sueños que te alejan de tu destino y te encontrarás en un sueño sagrado. Mirarás con asombro la flor que dejará caer sus pétalos mañana y te regocijarás con la mariposa que solo vive un día. Descubrirás que hay muerte en la vida, que todo lo que vive perecerá, y encontrarás una belleza tremenda en esto. Disfrutarás cada momento, amarás los colores y las criaturas que se crucen en tu camino, admirarás la luz en el horizonte al amanecer. Observarás la belleza de los jóvenes y no pensarás: «Pronto serán viejos y se marchitarán». Disfrutarás la belleza de la juventud y la sabiduría de la edad. Mientras te frotas los ojos para quitarte las telarañas del sueño, amarás sin llevar la cuenta de quién ama más y encontrarás la seguridad en el conocimiento de que siempre eres uno con la Luz Primordial, enhebrada en el tejido del sueño sagrado, y de que eres un soñador poderoso.

Transforma el sueño de la permanencia y descubrirás el infinito, donde siempre has habitado, donde siempre estás a salvo, donde estás rodeado de amor.

Descubrirás que todo en el universo existe como una luz que anhela adquirir forma, y una vez en la forma de árboles, hierba, ballenas y seres humanos, la muerte es la luz que anhela regresar al reino sin forma. La próxima vez que camines de noche con una linterna, observa cómo la luz viaja invisiblemente a través del espacio. Cuando el rayo se posa sobre un árbol, ves la forma del tronco del árbol. Solo vemos la luz cuando esta se fija en un objeto sólido. En nuestro mundo material la luz es solo un reflejo. En el mundo invisible, la luz es todo lo que hay y no hay nada que obstruya su camino.

Nada es permanente. En eso consiste la belleza de la vida. La muerte es el gran misterio que puedes abrazar como aliado en lugar de temer como enemigo. Puedes invitar a la muerte a convertirse en tu amigo, a caminar a tu lado y a ayudarte a vivir y amar sin miedo dentro del sueño sagrado. La muerte te recordará que «no morir» no es lo mismo que vivir. Te recordará que la verdadera seguridad se encuentra en formar parte del sueño sagrado. Ya no tendrás que esconderte más de la muerte y negar la impermanencia de la vida. Descubrirás que ya no tienes miedo de visitar a alguien en un hospital ni de consolar a un pariente moribundo como si la muerte fuera contagiosa.

La muerte está siempre a tu lado porque estás viviendo en el río del tiempo. Transforma los tres sueños y reconocerás que hay vida en la muerte: todo lo que muere volverá a nacer. Saber esto te proporcionará una sensación de paz.

Has aprendido a transformar tres sueños, pero la serpiente muda toda la piel a la vez, no trozo a trozo. Lo mismo sucede con estos tres sueños. Si únicamente transformas uno de ellos, es probable que te quedes atrapado en otro.

Digamos que te despiertas del sueño de la seguridad: ya no buscas la seguridad en las pólizas de seguros, en las alarmas antirrobo ni en la consulta de tu médico, a donde vas a averiguar si algo está mal. Descubres que puedes convertirte en una persona segura y que se puede confiar en ti y contar contigo. Sin embargo, permaneces atrapado en el sueño del amor que es incondicional y en el sueño de la permanencia. Puedes terminar buscando amor en los sitios más inadecuados, persiguiendo posibles parejas que se sientan atraídas por ti... y atraerás a quienes te vean como la respuesta a su sueño de seguridad. Sentirán que contigo están a salvo, y te exigirán seguridad perpetua a cambio de su amor. Llevarán la cuenta. Retirarán su amor si temen que puedes dejarlos o traicionarlos de cualquier manera. Al darte cuenta de esto, empezarás tú también a llevar la cuenta para ver quién es más amoroso, quién da y quién toma más.

Y cuando tu pareja deje de sentirse segura contigo, su sueño de seguridad extinguirá el amor que estabas seguro de que duraría para siempre.

Si transformaste el sueño de la seguridad y el sueño del amor que es incondicional pero no has transformado el sueño de la permanencia, puede que te encuentres con una pareja que te prometa un refugio para el envejecimiento y la muerte que sientes que te acechan. Podrías decirte a ti mismo: «Debería quedarme, porque ella siempre me cuidará» o pensar: «La verdad es que odio este trabajo, pero es mejor aferrarse a él que estar desempleado y ser pobre». Atrapado en el sueño de la permanencia, estarás convencido de que ese dolor de cabeza que tienes es señal de un tumor cerebral o el pulso acelerado que sientes después de subir una colina significa que vas a sufrir un ataque cardíaco inminente. Te preocupará que la erupción que te salió en el brazo sea un cáncer de piel o evitarás por completo hacerte un examen médico, por miedo a una mala noticia.

Cuando transformas el sueño de la permanencia, disfrutas cada momento, sin miedo. Eres capaz de permanecer dentro del sueño sagrado, sin volverte a dormir ni caer en las pesadillas que te han impedido cumplir con tu destino.

EL DESARROLLO DE LA CREACIÓN

Los sabios creían que no existe nada en el mundo hasta que haya alguien presente para presenciarlo, para sacarlo de la red de infinitas posibilidades, de la misma manera que un escultor podría extraer un caballo de un bloque de granito. Sin ti y todas las demás criaturas, no habría creación, ya que no habría nadie para presenciarla. Lo que aprendimos en la biología –que los humanos son el producto final de una larga cadena de evolución– es verdad solo a medias. Cuando te despiertas y aprendes a soñar el mundo y hacerlo realidad, descubres que la larga cadena de la evolución y el universo mismo son producto de que estamos aquí para presenciarlos.

Esto se llama causalidad futura.

Nosotros creamos las condiciones que hicieron posible la vida en la Tierra hace cinco mil millones de años. Todos nosotros, incluidas las aves y las ballenas, somos responsables de este acto de creación. Y el proceso de creación no ha terminado, así que soñamos el mundo y lo hacemos realidad cada día. Si dejáramos de soñar y hacer realidad el mundo, la vida desaparecería, la Tierra se convertiría en una árida roca sin vida que gira a la deriva por el espacio. Para que se desarrolle la creación, debemos seguir soñando.

Los acontecimientos del pasado influyen en el presente, pero para el soñador, el futuro también puede influir en el presente. Podemos ser el producto no solo de nuestra genética y nuestras dificultades familiares, sino de quién llegaremos a ser dentro de diez mil años. El futuro puede llegar a nosotros como una mano gigante y llevarnos a un magnífico destino, donde los seres humanos viven en paz entre sí y con la naturaleza, donde los ríos y el aire están limpios, donde podrás estar sano mientras vivas.

Juntos, soñamos y hacemos realidad la totalidad del mundo. No basta con manifestar un sitio para aparcar en una calle concurrida, un trabajo mejor, un cónyuge más agradable o una casa más grande. Cuando se sueña con un sitio para aparcar, se consigue eso mismo. No es difícil de lograr. Cuando sueñas con la paz en la Tierra, consigues paz en tu vida y en las vidas de quienes te rodean, incluso si estás en plena zona de guerra. Esta es la razón por la que los practicantes de todas las tradiciones oran por todos los seres, entre ellos sus presuntos enemigos, y no solo por lo que necesitan o quieren ese día.

Todos los días, podemos participar para hacer que el sueño de la creación se manifieste. Soñamos juntos, volviendo a crear el mundo a cada momento.

CONCLUSIÓN

LAS PRÁCTICAS DIARIAS DEL GUERRERO LUMINOSO

Decidir incorporar las tres prácticas del guerrero luminoso a tu vida te ayudará a transformar tu sueño y a permanecer despierto dentro de él. Serás capaz de tejer tu vida con las hebras que sostienen tu destino más elevado, no solo con aquellas que te prometen hacer que el sueño te resulte un poco más cómodo.

Al transformar tu sueño personal, participas en la elección de una nueva visión para el mundo. Al despertar, puedes ayudar a los demás a despertar.

¡Estás donde está la acción!

«¿Qué puedo hacer por ti?», «¿Puedo ayudarte?» o «¿En qué puedo servirte?» son frases potentes para romper el hielo e iniciar la práctica que llamo la entrega.

Cuando empieces a practicar la entrega, es una buena idea que por la mañana antes de hacer ninguna otra cosa leas todas estas prácticas.

La entrega diaria te ayudará a transformar los tres sueños, permanecer despierto y soñar, y hacer realidad tu mundo. La meta última no es mejorar tu suerte en la vida. Aunque es probable que experimentes más felicidad y bienestar, la meta del guerrero luminoso es transformar el mundo brindando belleza y sanación donde hay fealdad, aliviar el sufrimiento de los demás y crear paz donde hay conflicto. Ya no querrás *tener* lo mejor *de* la vida sino *ser* lo mejor para la vida. Ya no querrás tener el mejor trabajo *del* mundo sino realizar el mejor trabajo *para* el mundo.

Las tres prácticas que aprenderás no son sutiles: no te despiertan suavemente con una caricia en la mejilla o tirándote de los dedos de los pies. Son más bien como un cubo de agua fría en el alma. ¡Agradécelas aunque te resulten duras!

LA VERDAD: LA PRIMERA ENTREGA

Di tu verdad. Esta es la primera práctica porque casi nadie está dispuesto ya a ser sincero. La verdad se ha vuelto incómoda. No tengas miedo de que vaya a sucederte nada malo si dices tu verdad y vives de acuerdo con ella. Al contrario, cuando no vives con sinceridad es cuando empiezas a marchitarte.

Comparte tu verdad libremente. Muéstrala con tu ejemplo, viviéndola.

Al exponer tu verdad, ten en cuenta que por un lado está «la verdad» (que suele ser algo que alguien quiere que creas) y por otro está *tu verdad*. Recuerda que «la verdad» de la historia y la verdad de los hechos son las verdades de los demás. Tu verdad nace de tu experiencia, de cómo has sufrido y sanado, de cómo perdonas y amas.

Tu verdad está en tu corazón. No la busques en los corazones de los demás, porque esa es su verdad, no la tuya. Busca en tu propio corazón y honra y celebra la verdad que encuentres allí, por terrible que pueda ser.

Tu verdad es misteriosa, difícil de expresar, sutil. Insiste en que realices actos de coraje y hazañas que a veces te dan miedo.

Parafraseando a Mark Twain, no es de extrañar que la verdad sea más rara que la ficción: la ficción tiene que tener sentido. Tu verdad no tiene sentido porque es la verdad del corazón, no la verdad de la mente. Cuando tu verdad empiece a sonar racional, coherente y lógica, ten cuidado, porque esto puede ser señal de que no es la verdad de tu corazón.

«La verdad» –la verdad que te han enseñado a valorar por encima de tu propia verdad– te ha animado a conducirte desde la fuerza, a ocultar tu debilidad, a causar la mejor impresión posible aunque por dentro estés destrozado.

Es agotador.

Tu verdad te anima a conducirte desde tu vulnerabilidad, a exponer tu vientre blando, a despojarte de la armadura emocional. No trata de esconder las facetas sin pulir de tu cristal ni de ponerte un disfraz de Superman o Superwoman. Es flexible y al mismo tiempo valiente; suave pero imparable. Tu verdad te permite ser quien eres, le guste a quien le guste.

Es refrescante.

Cuando expreses tu verdad, reconoce el poder de la palabra. Recuerda que en el principio fue la palabra, y que las palabras hechizan. Se convierten en cosas. Las palabras que empleas para describir tu realidad se convierten en tu realidad. Palabras como *enfadado* o *triste* te harán sentir así. Lo mismo ocurre con *alegría*, *gracia* y *paz*. Como experimento, di estas palabras, ahora mismo: «A partir de ahora, expreso y vivo mi verdad». Observa cómo te sientes al decir esto firmemente, en voz alta. *Verdad*.

Tu verdad no te dejará seguirle la corriente a «la verdad» de la vida popular. La «verdad» consensuada es una historia que se ha acordado y que nosotros no escribimos. Hay muchas verdades consensuadas entrelazadas unas con otras, pero principalmente se reducen a esto: «Somos los elegidos. Tenemos acceso privilegiado a la única verdad». La «verdad» consensuada no es verdadera. Es tribal.

Cuando la gente hable mal de los católicos, sé católico. Cuando sean antisemitas, sé judío. Cuando critiquen a los musulmanes, mira hacia el este y haz una reverencia a La Meca. Practica la verdad sin miedo.

Alza la voz cuando te des cuenta de que en realidad el emperador está desnudo. Manifiesta tu verdad y defiende aquello en lo que crees, aunque pienses que podría poner en riesgo tu carrera, tu matrimonio o tu reputación. Habla libremente sabiendo que estás seguro y que el universo conspirará para mantenerte a salvo.

Sé fiel a tu palabra. Cuando traicionas tu palabra, conviertes tu verdad en una mentira. Tu verdad es cuando tu cabeza, tu corazón y tu alma hablan con una sola voz. Cuando hay coherencia entre quien dices que eres y quien sabes que eres, estás practicando la verdad.

Recuerda que los hechos no son la verdad y que la realidad, aunque sea real y factual, no tiene por qué ser verdad.

Cuando alguien te diga una verdad desagradable, dale las gracias, no importa lo duro que sea escucharla.

La práctica definitiva de tu verdad es poner el carro delante del caballo y soñar lo que es posible antes de calcular las probabilidades que hay de que no suceda. En esto consiste vivir sin miedo dentro del sueño sagrado. Atrévete con lo imposible y deja lo posible y lo corriente para quienes están siendo soñados.

LA BELLEZA: LA SEGUNDA ENTREGA

Ve belleza en todas partes. Esta es la segunda entrega porque prácticamente todo el mundo ve la belleza solo durante un instante fugaz. Todos buscamos la belleza pero estamos condicionados para ver la fealdad, para fascinarnos con las malas noticias, para dejarnos arrastrar a los dramas ajenos, para criticar y ser pesimistas.

Señálale la belleza a todo el mundo. Deja que otro se encargue de explicar por qué no durará, por qué con toda seguridad se desvanecerá con los años, por qué no es tan importante como ese problema que se está produciendo ahí mismo.

Deja que crean que eres ingenuo, que no estás en contacto con la realidad o que no ves las noticias.

Cuando practicas la belleza, tienes tiempo porque la belleza te lleva a lo eterno. Para apreciar la belleza hace falta quietud, hacer una pausa, detenerte de golpe ante la visión de un nuevo brote en el almendro o de esa flor del cactus que solo florece durante una noche.

Ver la belleza no es un acto pasivo. Es una de las acciones más dinámicas y estimulantes. Al percibir solo la belleza estás soñando y creando belleza. Cuando ves la belleza por encima de todo lo demás, estás transformando el mapa de la realidad que llevas contigo y que muy probablemente heredaras de tus padres cuando eras niño. Cuando tus mapas internos están repletos de belleza, tu mundo externo también está impregnado de esplendor.

A medida que practiques la belleza llegarás a saborear el infinito y a tocar tu propia inmortalidad. Tendrás tiempo para reír, para meditar y para ayudar a los demás. Cuando antes no tenías tiempo, ahora dispondrás de todo el tiempo del mundo.

Percibe la belleza aun cuando parezca que a tu alrededor solo hay fealdad. Cuando todo el mundo vea únicamente oscuridad, señala a la llama que oscila escondida entre las sombras.

Brinda a todo momento la belleza sonriendo sinceramente. Bríndales a los demás tu alegría. Bríndales el don de ver la belleza dentro de ellos y de cada situación. La belleza te buscará y te encontrará. Cuando aprecies la belleza en los demás, agradécela. Habla con palabras de belleza, como *gracias*. Encuentra algo bello en la persona con la que estás hablando, aunque sea una conversación complicada y difícil.

Los sabios descubrieron que la creación no está completa, que en el séptimo día el Gran Espíritu no había terminado y dijo: «He creado las mariposas y las ballenas y las águilas. ¿No son maravillosas? Ahora seguid vosotros».

El poder de la belleza es la capacidad de cocrear con la Luz Primordial. La belleza son los colores, la realidad es el lienzo y tú eres el pincel con el que plasmas la luz de numerosas tonalidades y sueñas el mundo y lo haces realidad.

Esta es tu tarea sagrada, completar la creación con belleza, dentro de la belleza y desde ella. Brinda generosamente tu belleza a los demás y la belleza te rodeará hasta el fin de tus días.

EL AMOR: LA TERCERA ENTREGA

En última instancia, lo único que realmente tienes para dar es tu amor. El amor no es un cosquilleo en la boca del estómago cuando estás con alguien que te gusta. El amor es la fuerza más poderosa del universo. Y el universo siempre te devuelve todo lo que ofreces. La única manera de tener más de todo lo que necesitas es brindar tu amor generosamente.

Entonces todo te será concedido.

Cuando transformes el sueño del amor que es incondicional, serás capaz de practicar el amor sin condiciones, sin llevar la cuenta de quién da más.

El amor incondicional es intenso y salvaje, tranquilo e impetuoso. Lo requiere todo y, sin embargo, no exige nada.

El amor es condicional cuando sientes que otros son responsables de tu dolor o felicidad. Negociarás con su amor, y ofrecerás el tuyo al mejor postor: la persona que te prometa más aprobación, comodidad o gozo. Después de un tiempo, te darás cuenta de que hiciste un mal negocio, que te engañaron y defraudaron, porque el amor solo puede regalarse. Es la esencia de la entrega.

Es fácil querer a los que nos quieren. Cuando eres capaz de querer a alguien que no corresponde a tu amor, descubres el verdadero poder. ¿Quién es esa persona que no merece tu amor? ¿Quién es el ser humano más repugnante que conoces o del que has oído hablar? ¿Puedes encontrar en él algo que amar, sencillamente como ejercicio? El amor no excusa las atrocidades cometidas por un tirano, justo lo contrario. Nos permite curar esa parte de nosotros que nos desprecia por ser exactamente como él.

Una de mis citas favoritas sobre el amor es de Kahlil Gibran: «Y Dios dijo: "Ama a tu enemigo", y yo le obedecí y me amé a mí mismo».[3]

El amor es una manera de ser. Puedes estar enamorado, y es agradable mientras dura, o puedes *ser* el amor, que es mucho más rico, más interesante e infinito.

El amor es la esencia de la Luz Primordial. Es la fuente de su infinita generosidad. Cuando te conviertes en amor, inmediatamente sanas tu separación de la fuente de todas las cosas visibles e invisibles.

El amor es la práctica de dar desinteresadamente, sin esperar nada a cambio. Dar desinteresadamente significa tener una actitud de agradecimiento incluso cuando ocurren cosas terribles en tu vida. Significa dar las gracias cuando aparentemente no hay nada por lo que estar agradecido. Significa estar agradecido tanto en los momentos de esplendor como en los de amargura.

DAR DESINTERESADAMENTE

En ocasiones, dar se considera como una manera de realizar depósitos en tu cuenta del banco espiritual, donde dispones de crédito al que poder recurrir cuando las cosas se pongan difíciles. La verdadera entrega consiste en dar sin esperar nada a cambio.

Puedes hacer cualquier cosa siempre que renuncies a la necesidad de atribuirte ningún mérito por ello. Incluso la más mínima expectativa de cualquier tipo de recompensa estropeará el acto de amor que estás realizando, el hecho de estar profundamente agradecido sin razón alguna. Da libremente, sin apego a si recibirás una recompensa en la Tierra o en el cielo. Da sin necesidad de publicarlo en las redes sociales prestando atención a cuántos *me gusta* obtienes, a cuántas veces se comparte y se comenta.

Deja que el poder de la Luz Primordial se mueva a su manera misteriosa y maravillosa.

En nuestro idioma abundan las referencias al poder de la luz. De hecho, todos los idiomas del planeta hacen numerosas referencias a la luz. Las profecías hopi mencionan el nacimiento del quinto sol. Los hindúes se refieren a la iluminación y a alcanzar la luminosidad del Espíritu. Los budistas del Himalaya hablan de adquirir un «cuerpo de luz» y dicen que puedes llevarlo contigo en tus viajes a los reinos invisibles. Cuando consigues este cuerpo de luz, tu cuerpo formado a base de proteínas se consume totalmente y desaparece en medio de un resplandor de luz brillante. Te vuelves como el ave fénix que se consume en las llamas. La única diferencia es que quienes realizan la práctica del cuerpo de luz no dejan atrás restos de cenizas.

Aunque estoy seguro de que esta es una práctica real entre los tibetanos, siempre había pensado que el cuerpo de luz era más una metáfora que una verdadera descripción de la realidad. Hasta que don Manuel me lo explicó. Los maestros andinos creen que una vez que entendemos que todo en el universo está hecho de luz, incluidos nosotros mismos, podemos tener una experiencia de nuestra luminosidad. Y si tienes esta experiencia hacia el final de tu vida, no solo llevas tu conciencia contigo más allá de la muerte, sino que eres capaz de quemar el cuerpo físico y convertirlo en combustible para viajar a los reinos más elevados.

Para hacer esto, actuando como el ave fénix, necesitamos alcanzar la comprensión más profunda de la naturaleza de la energía. Incluso tu vocabulario tiene que cambiar para que la energía ya no sea algo que tienes, que consumes o que, cuando la usas, repones. La energía es lo que eres en esencia. Tu ser es energía pura y la forma más pura de energía es la luz. Sin embargo, mientras creas que la energía que experimentas es tu energía, que la luz que sientes es tu luz, seguirás atrapado dentro de tu sueño.

Cuando te das cuenta de que no hay diferencia entre tu luz y la Luz Primordial, puedes moverte libremente entre el mundo visible e invisible. Puedes ir cómodamente de un lado a otro de la ecuación $E = mc^2$.

He llegado a la conclusión de que los *laika* eran capaces de bailar sobre el signo de igualdad de la famosa ecuación de Einstein. Con su ayuda nacían las ideas en el mundo invisible de la energía y los moribundos regresaban al mundo del Espíritu. En esto consistía el trabajo cotidiano de los chamanes.

Nuestro trabajo como guerreros luminosos consiste en crear un nuevo sueño que transforme nuestro mundo con objeto de poder generar un destino sostenible para la Tierra y la humanidad.

Esto se hace transformando los viejos sueños para poder vivir en el sueño sagrado, soñando y haciendo realidad a cada momento un mundo nuevo.

¿Qué tienes que perder?

NOTAS

1. Kamrani, Kambiz, «Earliest Known Archaeological Evidence of Americans Found in Monte Verde, Chile». *Anthropology.net*, 8 de mayo de 2008. www.anthropology.net/2008/05/08/earliest-known-archaeological-evidence-of-americans-found-in-monte-verde-chile/.
2. Darcia Narváez, «Five Things NOT to Do to Babies». *Psychology Today*, www.psychologytoday.com/blog/moral-landscapes/201404/five-things-not-dobabies.
3. Kahlil Gibran, *The Broken Wings* (Nueva York: The Citadel Press, 2003).

AGRADECIMIENTOS

En primer lugar, me gustaría expresar mi agradecimiento a los creadores de los calendarios mesoamericanos: los hombres y las mujeres que dominaron el arte de salir del tiempo ordinario. En honor a su memoria he utilizado la piedra del calendario azteca en la portada.* Este gigantesco calendario anunció el fin del cuarto mundo y el inicio del quinto sol.

Este libro no es un sesudo manual de antropología sino una recopilación de leyendas y conversaciones distendidas. Sin embargo, al escribirlo me han ayudado e inspirado antropólogos serios como Loren McIntyre, Marlene Dobkin de Rios y Wade Davis, a quienes estoy agradecido.

* Se refiere a la edición original de la obra.

El mérito de la concepción de este libro le corresponde a mi editora y querida amiga desde hace muchos años Patty Gift, de Hay House, que reconoció el valor de los cuentos fantásticos y las conversaciones que mantuve en la montaña con mi anciano mentor, don Manuel Quispe. Nancy Peske y Jan Johnson me ayudaron a pulir el borrador final, y Sally Mason-Swaab dio los últimos pasos para dar a luz a este libro de manera incruenta y relativamente indolora. Este proyecto nunca se habría llevado a cabo sin ellos.

Por último, quiero agradecer a los guardianes de la sabiduría chamánica del pasado, los ancestros que fueron los primeros en aventurarse más allá de las orillas de lo conocido para explorar las profundidades del río del tiempo, y esconder allí los tesoros que estamos descubriendo ahora en nuestro momento de la historia.

ACERCA DEL AUTOR

Alberto Villoldo es psicólogo y antropólogo médico y ha estudiado las prácticas curativas de los chamanes andinos y del Amazonas. Dirige *The Four Winds Society*, centro educativo en el que forma a estudiantes de Estados Unidos y Europa en la práctica de la medicina energética chamánica; es fundador de *Light Body School*, con sedes en Estados Unidos –Nueva York y California–, Chile y Alemania, y es director del *Center for Energy Medicine*, donde investiga y practica la neurociencia de la iluminación. El doctor Villoldo es autor de *Chamán, sanador, sabio*, *Las cuatro revelaciones, Soñar con valentía* y *La medicina del espíritu*, y coautor de *Conecta tu cerebro*.

www.thefourwinds.com